BLV WORKBOOK WOHNDESIGN

LEBENSRAUM KÜCHE

BLV WORKBOOK WOHNDESIGN

LEBENSRAUM KÜCHE

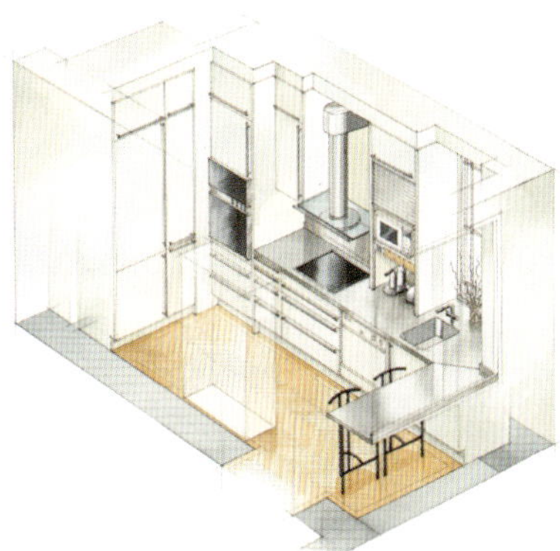

JOHNNY GREY

BLV

Die Deutsche Bibliothek –
CIP-Einheitsaufnahme

Lebensraum Küche / Johnny Grey. [Übers. aus dem Engl.: Gabriele Graf]. –
München ; Wien ; Zürich : BLV, 1998 (BLV Workbook Wohndesign)
Einheitssacht.: Kitchen <dt.>
ISBN 3-405-15270-4

Ein Dorling Kindersley Buch

*Für Harry, Felix, Augusta und Benedict –
denen dieses Buch einmal nützlich sein möge.*

BLV Verlagsgesellschaft mbH
München Wien Zürich
80797 München

Titel der englischen Originalausgabe:
Home Design Workbooks: KITCHEN

Übersetzung aus dem Englischen: Gabriele Graf
Lektorat: Edith Ch. Kiel
Herstellung: Sylvia Hoffmann
Satz und DTP: Satz+Layout Fruth GmbH, München
Druck und Bindung: Butler & Tanner Ltd
Einbandgestaltung: Sander & Krause, München

Printed in Great Britain · ISBN 3-405-15270-4

INHALT

Raumplanung • 48

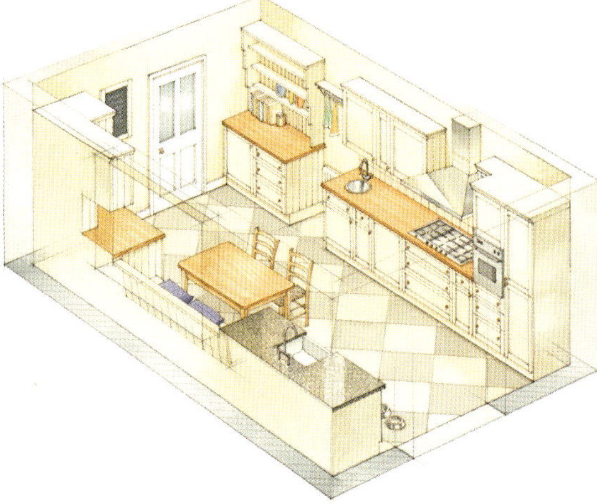

Der Entwurf • 74

EINFÜHRUNG

△ **Markante Oberflächen**
Von Hand gearbeitete Details wie diese Holztür mit dem »Koffergriff« und der eingelegten Einfassung bereichern die Atmosphäre der Küche.

Für viele Menschen ist die Küche der Raum, den sie am meisten benutzen. Hier werden nicht nur die Mahlzeiten eingenommen. Die Küche stellt einen wichtigen Kontaktpunkt für Erwachsene und Kinder dar.

Gerne erinnere ich mich an die kleine chaotische Wohnküche in unserem Londoner Heim, wo wir die meisten Mahlzeiten einnahmen, die meine Mutter für unsere siebenköpfige Familie kochte. Obwohl die Küche eng, niedrig und dunkel war und überdies noch einen riesigen, laut ratternden Kühlschrank beherbergte, der fast ein Viertel des gesamten Raums beanspruchte, denke ich mit Liebe an die unter fröhlichem Geplauder und Lachen eingenommenen Mahlzeiten zurück. Ich habe festgestellt, daß es nur wenigen Küchen gelingt, Funktionalität mit der einladenden Atmosphäre zu vereinen, die ich aus meiner Kindheit in Erinnerung habe.

Es ist schwierig, praktische Überlegungen, wie die funktionelle Position von Geräten und Möbeln, mit Behaglichkeit in Einklang zu bringen. Hierin liegt das Geheimnis eines ergonomischen Designs. In diesem Buch will ich einige Möglichkeiten aufzeigen, wie ein solches Gleichgewicht sowohl bei neuen Küchen als auch beim Umbau bestehender Küchen erzielt werden kann.

Raum für Kreativität ▷
Die wohnliche Küche von Elizabeth David war für mich eine Quelle der Inspiration. Durch sie stellte ich fest, daß Küchen ebenso gemütlich eingerichtet werden können wie andere Räume im Haus.

◁ **Stauraum für Geschirr**
Behalten Sie bei der Auswahl der Küchenelemente Ihre Bedürfnisse im Auge. Ein freistehender Geschirrschrank paßt möglicherweise besser zu Ihrem Design als Einbaukästen.

Ich beschäftige mich seit nahezu zwanzig Jahren mit Küchendesign und bin mit den Bedürfnissen von Einzelpersonen und Familien bestens vertraut. Im Laufe dieser Jahre habe ich eine große Liebe zur Küche entwickelt und ein umfassendes Wissen über ihre Gestaltung erworben. Anfangs ging diese Begeisterung auf den Einfluß meiner verstorbenen Tante, der Kochbuchautorin Elizabeth David, zurück. Sie war die erste, die mir zeigte, daß Küchen nicht aus Kunststoffschachteln bestehen müssen, die der Wand entlang aufgereiht werden. Ihre Küche hatte viel Atmosphäre und war eher ein Arbeits- und Wohnzimmer. (Viele ihrer Bücher schrieb sie an ihrem geschrubbten hölzernen Küchentisch.) Und das in den 50er und 60er Jahren, also zu einer Zeit, als solch ein Küchenkonzept völlig außer Mode war. Heute sind wir zu dieser Gestaltungsform zurückgekehrt. Unsere Vorstellung, daß die Küche ein Ort der Geselligkeit und ein Raum zum Wohnen und Entspannen ist, hätte ihr gut gefallen.

Die Gestaltung der Küche ist nach dem Kauf eines Hauses oder einer Wohnung meistens die teuerste Ausgabe. Allzu leicht verfällt man der Versuchung, Geräte, Schränke und Einbauten zu erwerben, die im Katalog oder Ausstellungsraum zwar gut aussehen, dem individuellen Lebensstil und den eigenen Kochgewohnheiten aber nicht entsprechen. »Ein gutes Essen ist nie teuer, aber ein schlechtes kostet immer zuviel.« In dieser alten Weisheit liegt viel Wahres, und ich möchte Ihnen helfen, teure Fehler zu vermeiden.

Die drei Hauptausgaben bei einer Küche sind Schränke, Geräte und Montage. Zuerst muß das Budget geprüft und müssen Prioritäten gesetzt werden. Nach meiner Meinung ist es besser, weniger, aber dafür höherwertige Möbel zu haben und mit einem provisorischen Schrank zu leben, der später ausgetauscht werden kann, als eine Küche aus billigen, wenig haltbaren Einzelteilen minderer Qualität zusammenzustellen.

△ **Edelstahl**
Gehen Sie bei der Auswahl der Oberfläche sorgfältig vor. Edelstahl ist hitzebeständig sowie wasserfest und reflektiert das Licht, was den Raum zusätzlich erhellt.

Aktivitäten in der Küche

Zu Anfang sollte man sich überlegen, was man in der Küche tut und wieviel Zeit man in diesem Raum verbringt. Wollen Sie lediglich ab und zu einmal kochen, sind Sie Hobbykoch oder soll die Küche zum Mittelpunkt des Hauses werden? Ich habe festgestellt, daß die meisten meiner Kunden Küchen vorziehen, die neben dem Kochbereich auch eine zwanglose Eßecke bieten, wo sich die Erwachsenen unterhalten und Kinder Hausaufgaben machen oder malen können. Häufig wünscht man sich auch einen »kuscheligen« Bereich mit einem Teppich, auf dem die Kinder spielen können, einem Sofa, einem Fernsehgerät und einem Küchenschreibtisch, an dem man Schreibkram und Telefonate erledigen kann.

Ein kühler Stauraum ▷
In dieser kleinen Speisekammer werden frische Lebensmittel aufbewahrt. Sie bildet eine sinnvolle Ergänzung zum Kühlschrank.

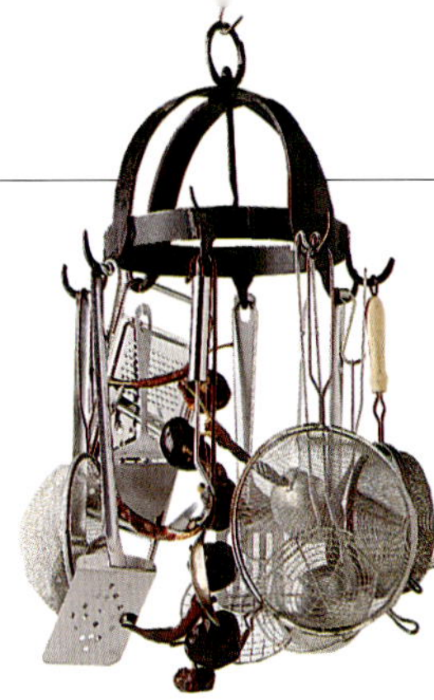

◁ **Hänger für Küchenutensilien**
Ein schmiedeeiserner Hänger über Herd oder Arbeitsplatte bringt Küchenutensilien in Reichweite. Außerdem bildet er einen hübschen Blickfang.

Um ein funktionelles Küchendesign zu erhalten, das den jeweiligen Bedürfnissen entspricht, muß man die grundsätzlichen Erfordernisse ausloten. Überlegen Sie sich zunächst, was Ihnen an Ihrer jetzigen Küche gefällt und was Ihnen mißfällt. Entwickeln Sie auf dieser Grundlage eine Vorstellung der idealen Küche. Bedenken Sie, welche Wege Sie zurücklegen: Wie weit ist die Entfernung vom Kühlschrank zur Arbeitsplatte? Sind die Vorratsschränke schwer zu erreichen? Ist die Arbeitsplatte nah am Herd? Können Einkaufstüten ohne Schwierigkeiten vom Auto in die Küche gebracht werden?
Nachdem Sie festgestellt haben, wie der Raum genutzt wird, folgt die Auswahl der Elemente, die den individuellen Bedürfnissen entsprechen. Im Kapitel »Küchenausstattung« werden die Vor- und Nachteile der wichtigsten Küchenbestandteile vorgestellt. Kocht man viel mit frischen Lebensmitteln, sollte

△ **Spritzschutz aus Glas**
Anstatt mit Fliesen können die Wände im Bereich der Arbeitsplatte auch durch Glas geschützt werden.

Was erwarten Sie von Ihrer Küche?

Bevor Sie sich auf teure Möbel und Geräte festlegen, sollten Sie Ihren Lebensstil prüfen und sich fragen, welche Aktivitäten Sie außer Kochen noch in der Küche ausführen möchten. Die folgenden Beispiele sollen Ihnen bei der Auswahl der geeigneten Küche helfen.

❶ Ein Raum, der ausschließlich der Essenszubereitung dient.

❷ Eine Wohnküche, in der leichte Mahlzeiten eingenommen werden.

❸ Eine Küche, die auch als Eßzimmer dient.

❹ Ein Raum, in dem professionell und im großen Stil gekocht wird.

❺ Ein Raum zur Entwicklung und Planung von Menüs.

❻ Ein Bereich, in dem Kinder spielen und Hausaufgaben machen können.

◁ **Tätigkeiten in der Küche**
Zur Organisation von Haushaltsaktivitäten wurde ein Schreibtisch in diese Wohnküche integriert. Eine Wand wird von Schreibtisch, Bücherregal, Pinnwand und Tafel eingenommen.

man sich gründlich überlegen, ob man einem Vorratsschrank oder einem großen Kühlschrank den Vorzug gibt.
Ungeachtet der Dimensionen der Küche sollten die Anzahl der Elemente beschränkt und der Plan einfach sein. Bei kleinen Küchen sind Mehrzweckelemente den Spezialisten vorzuziehen, die nur gelegentlich Verwendung finden. Dies gilt auch für kleine Utensilien und Elektrogeräte, deren gelegentlicher Einsatz den Platz, den sie einnehmen, nicht rechtfertigt.

Charakter der Küche

Die Atmosphäre eines Raums wird von seinen individuellen Bestandteilen bestimmt. In Küchen müssen diese Elemente darüber hinaus funktionell sein, da sie einer stärkeren Beanspruchung ausgesetzt sind als andere Möbel und täglich mit Hitze, Dampf und Wasser in Kontakt kommen. Kühlschränke und Arbeitsflächen aus Edelstahl verleihen der häuslichen Küche einen Hauch von Professionalität, da dieses Material häufig in Gaststätten Einsatz findet. Holzschränke oder Aufhänger für Küchenutensilien dagegen erinnern eher an Landhausküchen.
Neben der Kücheneinrichtung bestimmen auch Arbeitsfläche, Beleuchtung, Fronten, Wand- und Bodengestaltung den Charakter des Raums und tragen entscheidend zu einem angenehmen Umfeld bei. Die Auswahl der Elemente sollte von ästhetischen sowie praktischen Erwägungen bestimmt sein. Der Küchenbelag muß, zum Beispiel, hygienisch, strapazierfähig und nachgiebig sein und obendrein noch gut aussehen. Eine durchdachte Kombination von Leuchten über der Arbeitsfläche sowie sanfter Raumbeleuchtung ist für Arbeits- und Eßbereich entscheidend. Bei den Schränken gilt es auf Verarbeitung und hochwertiges Material zu achten, damit die tägliche Beanspruchung nicht bald häßliche Spuren hinterläßt. Auch die Entscheidung für glänzende oder

Eignet sich der Raum?

Bevor Sie viel Geld für die Umgestaltung einer bestehenden Küche oder die Planung einer neuen Küche ausgeben, sollten Sie sicherstellen, daß der von Ihnen ausersehene Raum sich auch als Küche eignet.

■ Ist der verfügbare Raum für Ihre Bedürfnisse und die Ihrer Familie ausreichend? Kann der Raum erweitert werden?

■ Hat man von diesem Raum aus Zugang zu verwandten Bereichen, wie Speisekammer, Wirtschaftsraum oder Eßzimmer? Können Türen ergänzt oder versetzt werden, um die Wege zu verkürzen?

■ Liegt der Raum neben dem Garten, so daß Sie im Sommer im Freien essen, den Kindern beim Spielen zusehen und für notwendige Frischluftzufuhr sorgen können?

■ Bietet der Raum Zugang zur Garage oder zum Parkplatz, damit die Einkäufe bequem ausgeladen werden können?

■ Ist das natürliche Licht gut? Könnte die Lichtsituation durch ein zusätzliches Fenster noch verbessert werden?

■ Gibt es genügend Stromauslässe (Steckdosen, Festanschlüsse) sowie Abflüsse und sind diese sinnvoll verteilt?

Hochwertige Fronten ▷
Kaufen Sie die qualitativ hochwertigsten Schränke, die Sie sich leisten können. Nur eine gut verarbeitete Küche wird sich im alltäglichen Gebrauch bewähren.

Was könnten Sie ändern?

Mit Hilfe der folgenden Checkliste können Sie feststellen, was Sie an Ihrer Küche verbessern oder ersetzen möchten.

- Die Form des bestehenden Raums verändern.
- Bauliche Aspekte ändern.
- Natürlichen Lichteinfall verbessern.
- Verteilung der Schränke verändern.
- Die wichtigsten Geräte erneuern.
- Zahl der Stromauslässe erhöhen.
- Beleuchtung verändern.
- Die Abflüsse versetzen.
- Verfügbaren Stauraum besser nutzen.
- Größe und Höhe der Arbeitsfläche verbessern.
- Material der Arbeitsplatte verändern.
- Bodenbelag ersetzen.
- Wandverkleidung und Spritzschutz ersetzen.
- Stil der Schränke und Griffe verändern.
- Scharniere der Türen auswechseln.
- Möbel verändern.
- Vorhänge, Rollos, Kissen und andere Stoffteile erneuern.
- Lärmpegel senken.

matte, helle oder dunkle Fronten ist von großer Bedeutung für die Lichtverhältnisse in der Küche.

Grundriß der Küche

Für mich gibt es die zwei Kategorien »Einbauküche« oder »freistehende Variante«. Einbauküchen entwickelten sich in den 50er Jahren als »Traumlösung« in der Küchenplanung und basieren auf dem Konzept, daß Schränke und Geräte entlang der Wand aufgestellt werden. Bei freistehenden Küchen werden die Elemente frei im Raum verteilt.

Mich fasziniert in erster Linie die freistehende Form, der ich mich während der 80er Jahre ausgiebig widmete. Diese Küche erfreut sich zunehmender Beliebtheit, da viele Menschen eine freistehende Küche sowohl zum Kochen als auch zum Wohnen gemütlicher finden. Die unten abgebildete Wohnküche ist ein Beispiel für diese Planung. Indem man alle Elemente für das Zubereiten von Mahlzeiten zusammenfaßt, benötigt man weniger Platz an den Wänden und gewinnt so Raum für Tisch, Sofa und Türen, die in den Garten hinausführen.

Das wichtigste Ziel dieses Buchs ist die Gestaltung einer ergonomischen Küche, in der sich der Benutzer wohl fühlt. Ungeachtet der Größe der Küche soll es Ihnen helfen, Geräte und Möbel nach Ihren persönlichen Erfordernissen auszuwählen und so anzuordnen, daß ein praktischer und ansprechender Raum entsteht.

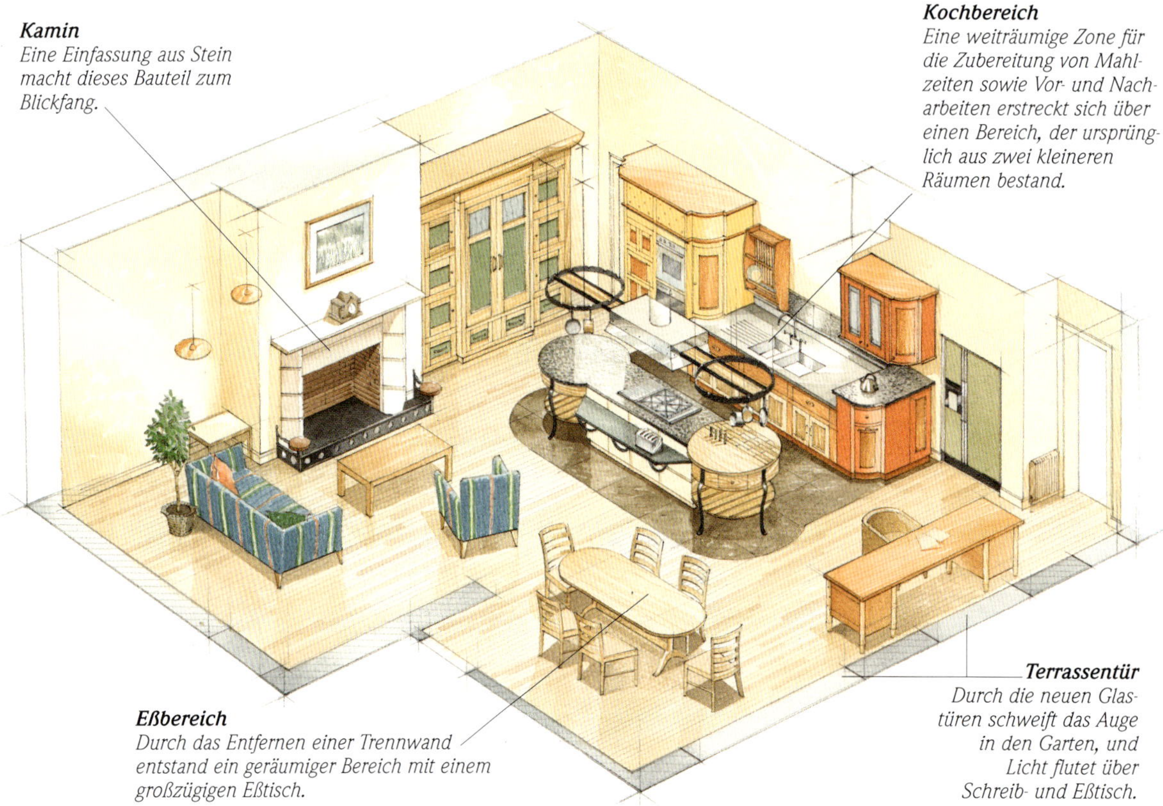

Kamin
Eine Einfassung aus Stein macht dieses Bauteil zum Blickfang.

Kochbereich
Eine weiträumige Zone für die Zubereitung von Mahlzeiten sowie Vor- und Nacharbeiten erstreckt sich über einen Bereich, der ursprünglich aus zwei kleineren Räumen bestand.

Eßbereich
Durch das Entfernen einer Trennwand entstand ein geräumiger Bereich mit einem großzügigen Eßtisch.

Terrassentür
Durch die neuen Glastüren schweift das Auge in den Garten, und Licht flutet über Schreib- und Eßtisch.

Eine veränderte Form ▷
Drei kleinere Räume wurden zusammengelegt, um eine große Wohnküche mit Wohn-, Eß- und Schreibbereich zu schaffen.

Vorgehensweise

Bevor Sie die Veränderungen in Angriff nehmen, sollten Sie mit Hilfe dieser Checkliste überprüfen, ob an alles gedacht wurde. Auch sollte ein Termin für die Fertigstellung festgelegt werden, und der Einsatz von Installateur, Elektriker und Monteur ist sorgfältig abzustimmen. Es empfiehlt sich, die folgenden Punkte zu beachten:

- Liegt die erforderliche Zustimmung der zuständigen Behörde für bauliche Veränderungen vor?
- Haben Sie genügend Zeit, um einen Teil der Arbeiten selbst durchzuführen?
- Brauchen Sie die Hilfe eines Fachmanns?
- Haben Sie die Kosten richtig kalkuliert und noch etwas Spielraum gelassen?
- Bleibt Ihnen genügend Geld für gestalterische Details und Zubehör?
- Können Sie sich alle Veränderungen leisten, oder wollen Sie einige Elemente beibehalten?
- Erhöhen Ihre Pläne den Wiederverkaufswert der Immobilie?
- Haben Sie sich schon überlegt, wo Sie während der Bauphase Ihre Mahlzeiten einnehmen werden?

◁ **Küchenpflege**
Eine fertige Küche braucht regelmäßige Pflege, um schön zu bleiben. Hier wurden die Arbeitsplatten aus Holz eingeölt, die Holzböden neu eingelassen und die Schranktüren gestrichen.

Lebensstil und Küchengestaltung

Die folgenden Fragen sollen Ihnen helfen, Ihre persönlichen Küchenbedürfnisse zu bestimmen und die verschiedenen Methoden der Küchenplanung kennenzulernen. Auf diese Weise werden Sie in die Lage versetzt, bei der weiteren Lektüre eine Liste der Ihnen gemäßen Küchenelemente und Gestaltungsweisen zu erstellen.

Vorratshaltung

Die Zahl der Leute, für die Sie kochen, die Anzahl der Mahlzeiten, die zu Hause zubereitet werden, die verwendeten Nahrungsmittel, die Einkaufsgewohnheiten und die Personen, die Zugang zu den Vorräten haben sollen, bestimmen Art und Größe des Vorratsraums in der Küche.

■ Nahrungsmittel

☐ Kochen Sie mit einer Mischung aus frischen, gefrorenen, gekühlten, getrockneten und eingemachten Nahrungsmitteln, oder geben Sie einer bestimmten Art den Vorzug?
☐ Haben Sie genügend Platz in Kühlschrank, Gefriertruhe und Schrank, um diese Zutaten aufzubewahren?
☐ Falls Sie hauptsächlich frische Zutaten verwenden, verfügen Sie über einen kühlen, gut belüfteten Vorratsraum in ausreichender Größe für Gemüse usw., oder sind Sie ausschließlich auf den Kühlschrank angewiesen?
☐ Falls Sie Mahlzeiten vorkochen und einfrieren, haben Sie genügend Platz in der Gefriertruhe?
☐ Sind Sie ganztägig berufstätig, liegen Ihre Einkaufsmöglichkeiten weit entfernt oder haben Sie kein Auto, so daß Sie einen ausreichend großen Vorratsraum benötigen?
☐ Kaufen Sie Grundnahrungsmittel in größeren Mengen und benötigen deshalb genügend Platz für große Pakete, Dosen oder Flaschen?
☐ Lagern Sie guten Wein, so daß Sie einen temperierten Raum außerhalb des Bereichs von Backofen und Herd benötigen?
☐ Haben Sie kurze Wege zwischen den Vorratsbereichen, wie Kühlschrank oder Speisekammer, und der Arbeitsfläche?
☐ Ist die Vorratshaltung durchdacht, so daß die Lebensmittel leicht zu finden sind und nicht im hintersten Winkel des Schranks vergessen werden?
☐ Bedarf es unnötiger Anstrengung, um Zutaten von hohen Regalen herunter- oder aus Unterschränken hervorzuholen? Falls ja, sollten Sie die Vorratsschränke neu ordnen, so daß häufig verwendete Gegenstände zwischen Knie- und Augenhöhe zu finden sind.

☐ Falls kleine Kinder im Haus sind, ist zu bedenken, ob bestimmte Lebensmittel, wie etwa Süßigkeiten, außerhalb deren Reichweite gelagert werden sollten.

■ Ausstattung

☐ Müssen Sie zahlreiche Küchengeräte unterbringen? Falls ja, sollten Sie überprüfen, ob wirklich alle Gegenstände notwendig sind.
☐ Können selten benutzte Geräte, wie etwa eine Eismaschine, auf hohen Regalen aufbewahrt werden?
☐ Sind die Gegenstände des täglichen Gebrauchs in Reichweite der Arbeitsfläche gelagert?
☐ Können schwere Küchenmaschinen, Toaster und Entsafter eingesteckt im hinteren Bereich der Arbeitsplatte stehenbleiben?
☐ Können Kochutensilien in der Nähe der Kochmulde aufbewahrt werden?
☐ Können Schneidbretter und Messer in dem Bereich untergebracht werden, wo Gemüse u.ä. zerkleinert wird?
☐ Können Pfannen und Backformen in der Nähe des Backofens verstaut werden?
☐ Sind Teller, Gläser und Besteck des täglichen Gebrauchs in der Nähe des Eßbereichs oder der Spülmaschine?
☐ Bietet die Küche auch Platz für küchenfremde Gegenstände, wie Reiniger und Schuhputzzeug?

Essenszubereitung

Ein funktioneller Arbeitsbereich für die Zubereitung von Nahrungsmitteln bedarf der sorgfältigen Planung. Bedenken Sie die Lage im Verhältnis zu anderen Tätigkeitsbereichen, die Art der Mahlzeiten, die Zahl der Personen, für die Sie täglich kochen, sowie die Frage, ob Sie zusätzlichen Raum für Helfer benötigen.

☐ Welcher tagtäglichen Beanspruchung sind die Arbeitsflächen ausgesetzt? Bereiten Sie täglich mehrere Mahlzeiten zu oder essen Sie oft außer Haus?
☐ Kochen Sie nur für sich, für sich und Ihren Partner oder für eine ganze Familie?
☐ Kochen Sie alleine oder werden Sie von Ihrem Partner oder den Kindern bei der Arbeit unterstützt? Falls Kinder beim Kochen helfen, könnte ein Teil der Arbeitsplatte niedriger liegen.
☐ Kochen Sie vorwiegend mit frischen Nahrungsmitteln, bei denen man viel Platz für die Zubereitung benötigt, oder hauptsächlich mit fertigen Zutaten, die wenig Raum einnehmen?
☐ Denken Sie je nach Tätigkeit an verschiedene Materialien für die Arbeitsfläche, wie etwa eine kühle Marmorplatte zum Backen? Oder möchten Sie die gesamte Küche mit dem gleichen Material bestücken?
☐ Sind Sie ein geselliger Koch, der während der Arbeit gerne ins Zimmer schaut? Oder blicken Sie lieber an die Wand oder aus dem Fenster, während Sie das Essen zubereiten?

Kochen

Verschiedene Faktoren bestimmen die Art und Lage der Küchengeräte: Kochstil – aufwendige Menüs für Gäste, schnelles Erwärmen von Fertiggerichten –, Kochgewohnheiten – ist man beim Kochen lieber allein oder in Gesellschaft –, Häufigkeit der Mahlzeiten, die zu Hause zubereitet werden, sowie Zahl der Leute, für die regelmäßig gekocht wird.

☐ Möchten Sie in den Raum blicken, während Sie am Herd stehen? Falls ja, sollte ein zentraler Kochbereich erwogen werden.
☐ Sollte die Kochmulde auf eine bedienerfreundliche Energiequelle, wie Gas oder Induktionswärme, umgestellt werden?
☐ Würde Ihnen eine pflegeleichte Kochmulde aus Keramik die Arbeit erleichtern?
☐ Für einen Hobbykoch könnte ein Herd mit besonderen Funktionen, wie etwa Großflächengrill, eine Bereicherung darstellen.
☐ Wäre ein Dunstabzug zum Absaugen von Küchengerüchen hilfreich? Falls ja, besteht die Auswahl zwischen einem festen und einem ausziehbaren Dunstabzug über dem Herd.
☐ Kochen Sie regelmäßig für mehr als fünf Leute? Falls ja, sollten Herd und Backofen unter Umständen größer gewählt werden.
☐ Möchten Sie Mahlzeiten möglichst rasch zubereiten, aufwärmen oder auftauen? Dann sollte ein Platz für eine Mikrowelle berücksichtigt werden.

Essen

Bedenken Sie die Art der Mahlzeiten, die Sie in der Küche einnehmen wollen – lediglich Frühstück und Imbiß, oder Mittag- und Abendessen – , die Zahl der Leute, die gleichzeitig Platz finden sollen, und die Zahl der Gäste, die Sie gewöhnlich bewirten. Auf diese Weise können Sie Größe und Art des benötigten Tisches sowie Dimension und Lage des Eßbereichs bestimmen.

☐ Möchten Sie in der Küche essen, oder wollen Sie die Mahlzeiten lieber in einem getrennten Raum einnehmen?
☐ Welche Mahlzeiten möchten Sie in der Küche einnehmen?
☐ Wie viele Leute sollten gewöhnlich Platz finden?
☐ Möchten Sie Ihre Gäste in der zwanglosen Atmosphäre der Küche bewirten?
☐ Fällt ausreichend Tageslicht auf den Tisch, und ist der Bereich frei von Zugluft? Behindert der Tisch die anfallenden Küchenaktivitäten?
☐ Sind die Räumlichkeiten beschränkt, sollte ein Klapptisch oder ein kleiner Ecktisch in Erwägung gezogen werden.
☐ Ist eine Theke für schnelle Mahlzeiten geeignet?
☐ Entstünden durch eine Bank zusätzliche Sitzgelegenheiten?
☐ Ist eine strapazierfähige Tischplatte unabdingbar?

Abwasch und Müllentsorgung

Abwasch und Mülltrennung werden durch eine geeignete Spüle mit Ablaufbereich und eine Spülmaschine leicht gemacht. Ausschlaggebend für die Entscheidung ist der Arbeitsanfall.

■ Abwasch

☐ Falls täglich viele Teller und Gläser benutzt werden, lohnt sich u. U. die Anschaffung einer Geschirrspülmaschine. Läuft die Spülmaschine, während Sie sich in der Küche aufhalten, sollte ein möglichst geräuscharmes Gerät gewählt werden.
☐ Verwendet man viele große Pfannen und Töpfe, muß ein ausreichend großes Spülbecken gewählt werden.
☐ Möchten Sie beim Abwasch lieber auf die Wand, aus dem Fenster oder in den Raum schauen?

■ Abfall

☐ Entsorgen Sie den gesamten Küchenabfall oder führen Sie einen Teil der Wiederverwertung zu?
☐ Bietet die Küche genügend Platz zum getrennten Sammeln von Zeitungen, Flaschen und Dosen, oder werden diese Materialien an anderer Stelle, wie in der Garage, gelagert?
☐ Sammeln Sie Küchenabfälle zum Kompostieren? Falls ja, sollte ein Behälter für Küchenabfälle nahe der Arbeitsfläche stehen.

Aufbau des Buches

Dieses Buch vermittelt das praktische Wissen, das für die Gestaltung eines Raums notwendig ist, der dem jeweiligen Lebensstil entspricht und Funktionalität mit Komfort vereint. Es soll Ihnen helfen, eine neue Küche zu planen oder eine bestehende Küche umzugestalten. Checklisten dienen dazu, die persönlichen Bedürfnisse zu bestimmen. Der Abschnitt über Geräte und Einbauten stellt die einzelnen Elemente vor, die diesen Bedürfnissen gerecht werden. Dreidimensionale Pläne von sechs Küchen erläutern die wesentlichen Merkmale eines erfolgreichen Designs. Der abschließende Abschnitt mit Anleitungen zum Erstellen eines Küchenplans ermöglicht dem Leser, seine Ideen in die Tat umzusetzen.

2. Elemente auswählen ▽

Um Ihnen bei der Auswahl der Gegenstände, die Ihren Bedürfnissen gerecht werden, zu helfen, werden Ihnen im folgenden verschiedene Geräte und Einrichtungsgegenstände vorgestellt *(Seiten 16–47)*. Ein Merkkästchen legt das Augenmerk auf die Schlüsselaspekte der Gestaltung sowie die Vor- und Nachteile der einzelnen Elemente. Hat die Höhe eines Elements oder Geräts Auswirkungen auf die Bedienerfreundlichkeit, dann informiert ein kleines Diagramm über ideale Abmessungen und die geeignetste Betriebshöhe.

1. Bedürfnisse erkennen ▽

Eine Reihe von Fragen *(Seiten 12–13)* soll Sie ermuntern, über Ihre Küchenbedürfnisse sowie über Zustand und Möglichkeiten Ihrer jetzigen Küche nachzudenken. Wenn Sie selbstverständliche Eigenheiten Ihres Lebensstils, wie Koch-, Eß- und Abwaschgewohnheiten, untersuchen, werden Sie erkennen, welche Geräte und Gestaltungsmöglichkeiten zu Ihnen passen – ganz gleich, ob Sie Ihre bestehende Küche umbauen oder eine völlig neue planen.

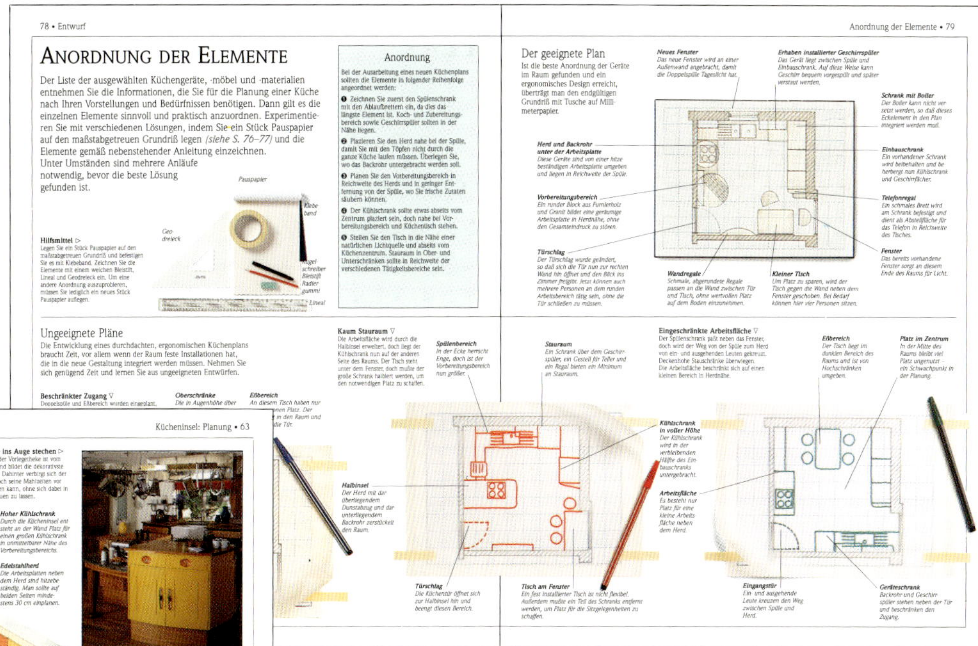

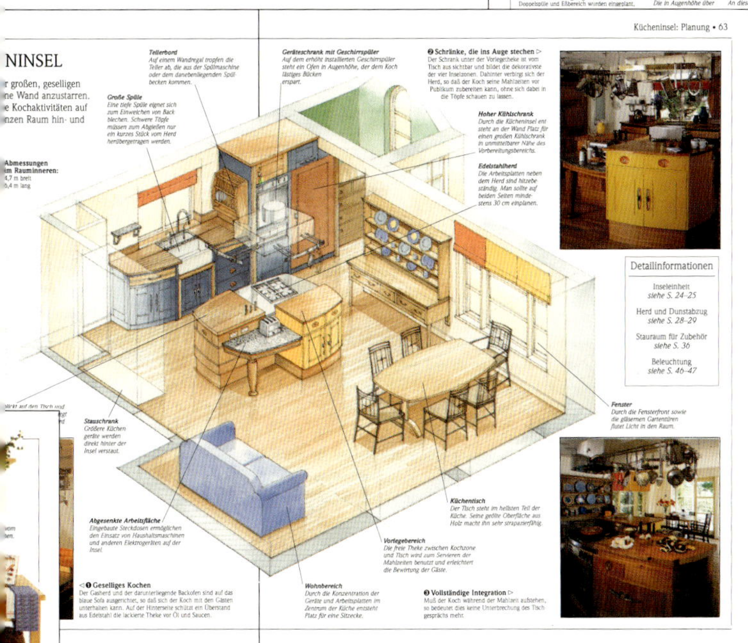

4. Küche ausmessen & gestalten △

Ist man mit den Ideen zufrieden, kann man sich dem Abschnitt »Entwurf des Raums« zuwenden und seine Vorstellungen in die Tat umsetzen *(Seiten 74–81)*. Dieses Kapitel enthält schrittweise Anleitungen für das Ausmessen des vorgesehenen Raums sowie Einzelheiten über die maßstabgetreue Erstellung von Grund- und Aufriß. Eine gute Lösung braucht Zeit. Aus diesem Grund sollten die Varianten auf Pauspapier aufgezeichnet werden, so daß man die besten Elemente aussuchen kann.

3. Pläne entwerfen △

Ein Kapitel über Raumplanung *(Seiten 48–73)* beschäftigt sich in allen Einzelheiten mit sechs verschiedenen Küchenplänen und bietet Rat und Ideen, wie sich die verschiedenen Elemente des eigenen Plans vereinbaren lassen. Eine dreidimensionale Zeichnung, eine Draufsicht, Fotos und eine Liste von gestalterischen Aspekten erläutern die Gedanken, die hinter den einzelnen Lösungsvorschlägen stecken.

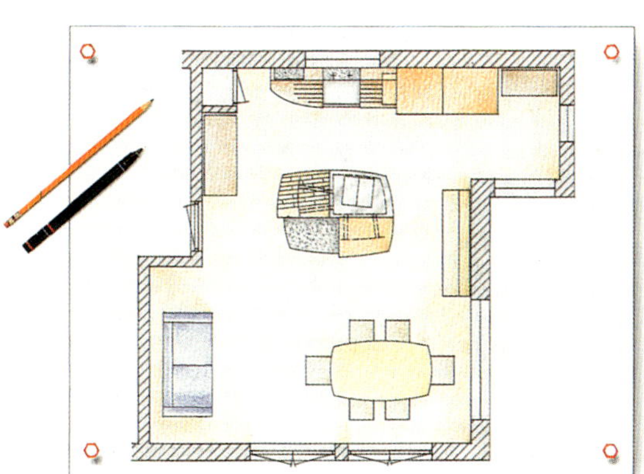

Über die Verwendung von Millimeterpapier

■ Verwenden Sie das beiliegende Millimeterpapier *(Seiten 89–94)*, um einen maßstabgetreuen Grundriß *(Seiten 76–77)* zu zeichnen. Bei Bedarf kann das Millimeterpapier kopiert werden. (Achtung: Durch das Fotokopieren ist es jedoch nicht mehr millimetergenau.)

■ Für eine kleine Küche verwendet man Millimeterpapier im Maßstab 1:20, d.h. ein großes Viereck entspricht 1 m^2 und ein kleines 10 cm^2. Eine Länge von 60 cm entspricht demzufolge sechs kleinen Quadraten.

■ Für einen großen Raum verwendet man Millimeterpapier im kleineren Maßstab 1:50. Wieder entspricht ein großes Viereck 1 m^2 und ein kleines 10 cm^2.

■ Nachdem der Raum auf Millimeterpapier aufgezeichnet wurde, kann man verschiedene Designs ausprobieren, indem man Pauspapier auflegt.

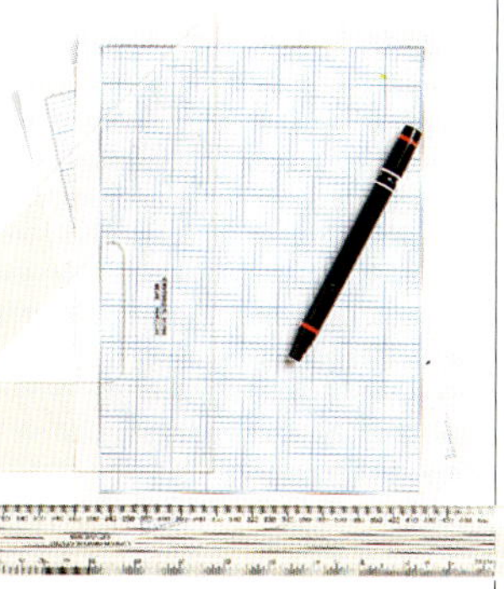

KÜCHENAUSSTATTUNG

Lagerung frischer Nahrungsmittel

Wenn Sie mit vielen frischen Nahrungsmitteln kochen, sollten Sie einen gut belüfteten Vorratsschrank außerhalb der heißen, feuchten Küchenbereiche einplanen, um nicht völlig vom Kühlschrank abhängig zu sein. Lagern Sie alle verderblichen Lebensmittel im Sichtbereich, um rechtzeitige Verarbeitung zu sichern und unnötigen Abfall zu vermeiden.

Lagerung größerer Vorratsmengen

Ein Vorratsschrank ist das moderne Gegenstück zur Speisekammer. Abgesehen von den Lebensmitteln, die in der Kühlkombination aufbewahrt werden, bietet ein geräumiger Schrank Platz für alle Produkte, die sonst ober- und unterhalb der Arbeitsplatte verstaut werden müßten. Ein funktioneller Vorratsschrank hat höhenverstellbare Regale, die den jeweiligen Bedürfnissen angepaßt werden können, und ist nicht sehr tief, um sicherzustellen, daß sich alle Lebensmittel im Sichtbereich befinden.

Die moderne Speisekammer △
Ein Vorratsschrank mit faltbaren Schiebetüren bietet optimale Sichtbarkeit und Zugänglichkeit, ohne beim Öffnen viel Platz zu beanspruchen. Gitterregale aus Edelstahl ermöglichen die Luftzirkulation im Schrankinnern. Wände, Boden und Türen sind leicht zu reinigen.

Oberstes Regal
Selten benutzte Gegenstände oder solche, die in großer Menge gekauft werden, können hoch oben außerhalb des Sichtbereichs Platz finden.

Regale mit geringer Tiefe
Sie verhindern, daß übermäßig beladene Türen das Öffnen erschweren.

Ausziehbare Schubladen
Frisches Gemüse, Brot und große Teile können in den Laden im unteren Bereich gelagert werden.

Vorratsschrank ▽
Dieses schöne Möbelstück steht etwas abseits vom geschäftigen Küchenbereich. Es sichert die kühle, dunkle und gut belüftete Lagerung von verschiedenen frischen und haltbaren Lebensmitteln. Dank der geringen Tiefe der Regale sind die Gegenstände in Griffweite. So wird vermieden, daß Nahrungsmittel verlorengehen oder vergessen werden.

Türen in voller Höhe
Wenn der Schrank offen ist, geben diese Türen den Blick auf den gesamten Inhalt frei.

Granitregal
Ein kaltes 60 cm tiefes Granitregal hält Käse und andere verderbliche Lebensmittel auf Zimmertemperatur.

Merkkästchen

- Überlegen Sie sich im voraus, welche Nahrungsmittel im Vorratsschrank und welche in der Kühlkombination gelagert werden sollen. Wenn Sie in größeren Mengen einkaufen, brauchen Sie zusätzliche Vorratsbereiche in der Küche.
- Das Hauptregal eines Vorratsschranks sollte etwa 60 cm tief sein. In mittlerer Höhe angebrachte Regale sind am besten zugänglich, wenn sie zwischen 15 und 30 cm schmäler als das Hauptregal sind.
- Lagert man eine Menge frischer Lebensmittel im Vorratsschrank. kann die Belüftung durch spezielle Schlitze verbessert werden. Im Innern des Schranks muß es dunkel sein, damit sich frisches Obst und Gemüse länger hält.

Lagerhöhe

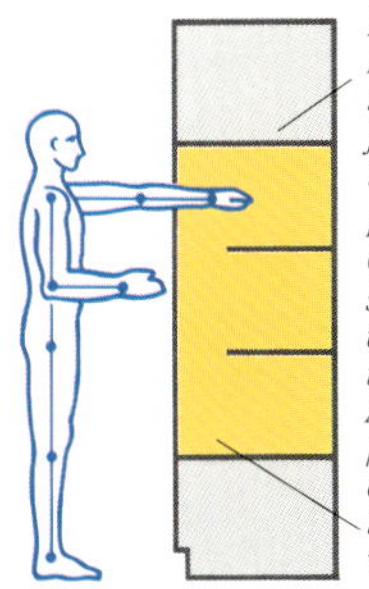

Die am besten erreichbare Lagerhöhe befindet sich zwischen Knie- und Augenhöhe. Selten Benutztes sollte darüber oder darunter aufbewahrt werden.

Lagerung kleinerer Vorratsmengen

Manche frischen Lebensmittel, wie Tomaten, Eier, Weichobst und Gebäck, nehmen durch die Lagerung im Kühlschrank Schaden und sollten bei Zimmertemperatur aufbewahrt werden. Im folgenden finden Sie einige moderne und herkömmliche Methoden zur Lösung dieses Problems.

△ Schublade mit Brotkasten
Diese platzsparende Alternative zum traditionellen Brotkasten enthält eine herausnehmbare Schublade mit Krumenfang. Der Holzdeckel kann auch als Schneidbrett dienen.

Drehregal ▷
Dieses moderne Regal sorgt für die dunkle, gut belüftete Lagerung von Wurzelgemüse.

Fliegenschrank ▽
Ein herkömmlicher Fliegenschrank, dessen Türen mit Maschendraht versehen sind, hält Fliegen von frischen Lebensmitteln fern und sorgt für Belüftung. Bei Zentralheizung und warmen Sommern ist der Fliegenschrank jedoch nur für die Lagerung von Eiern, Käse, Weichobst und Tomaten geeignet.

Türen mit Maschendraht
Sie halten Staub und Insekten von verderblichen Speisen fern.

Über dem Boden
Dieser Fliegenschrank steht auf Beinen, so daß die Lebensmittel oberhalb des Bodens gelagert sind.

Lagerung gekühlter Nahrungsmittel

Die Wahl des geeigneten Kühl- bzw. Gefrierschranks hängt von der Größe der Familie, den Einkauf- und Eßgewohnheiten und der Lage des Geräts in der Küche ab. Es gilt, den verfügbaren Raum möglichst sinnvoll zu nutzen. Aus diesem Grund ist beim Kauf auf verstellbare Regale und durchsichtige Schubladen zu achten.

Kühlkombination im Unterschrank

Für eine kleine Küche eignet sich eine in den Unterschrank integrierte Kühlkombination, bei der Kühlschrank und Gefrierelement nebeneinanderliegen. Auf diese Weise bleibt ausreichend Arbeitsraum für die Zubereitung der Mahlzeiten. Schließt das Gerät bündig ab, ist der Innenraum übersichtlich gestaltet und liegt die Kühlkombination direkt unterhalb der Arbeitsfläche, ist dies eine gelungene Lösung. Man sollte jedoch nicht vergessen, daß der Kühlschrank zu den am meisten benutzten Küchengegenständen gehört und häufiges Bücken auf die Dauer lästig werden kann.

Kleine Kühlkombination ▽
Der Kauf einer kleinen Kühlkombination will reiflich überlegt sein. Kocht man regelmäßig, ärgert man sich bald über die beschränkte Kapazität.

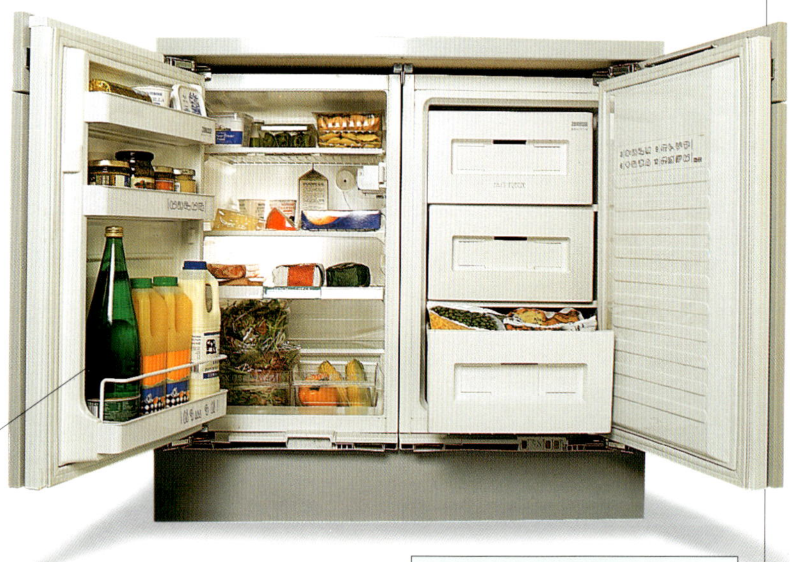

Innenraum des Kühlschranks
Stellen Sie sicher, daß der Innenraum ausreichend Platz für hohe Gegenstände, wie Flaschen, bietet.

Kühlschubladen ▽
Eine Neuheit im Bereich der Kühlgeräte sind Kühl- und Gefrierelemente, die lediglich den Raum einer Schublade beanspruchen. Auf diese Weise können frische Lebensmittel an verschiedenen Stellen in der Küche gelagert werden.

Leicht zugänglich
Große Kühlschranktüren sind oft schwer zu öffnen. Einzelne Auszüge bieten leichten Zugang.

Frische Lebensmittel
Dieser Bereich variiert zwischen 0,5 °C und 3 °C und hat 50 % Luftfeuchtigkeit.

Hohe Luftfeuchtigkeit
In dieser Schublade herrscht eine relative Luftfeuchtigkeit von bis zu 90 %, und Obst und Gemüse bleiben knackig frisch.

Merkkästchen

- Vor der Entscheidung für ein Kühlsystem muß bedacht werden, ob Mahlzeiten häufig vorgekocht und eingefroren werden, oder ob man hauptsächlich mit frischen Lebensmitteln arbeitet.
- Des weiteren sollten FCKW-Anteil, Betriebsgeräusch, Abtaumöglichkeit und Energieverbrauch geprüft werden.
- Bei der Wahl des geeigneten Standorts muß auf gute Zugänglichkeit geachtet werden. Bestimmen Sie die Richtung des Türanschlags, und planen Sie in der Nähe eine Ablagefläche zum Verstauen und Entnehmen von Lebensmitteln.
- Nach dem Einkaufen sollte der Kühlschrank nicht übermäßig beladen werden, da dies die Kühltemperatur beeinträchtigt.

Türregale
Hier wird Kurzgefrorenes leicht zugänglich aufbewahrt.

Freistehende Kühlkombinationen

Diese Geräte sind als freistehende Küchenelemente konzipiert und müssen nicht der übrigen Norm der Küche entsprechen. Viele Modelle haben Räder und können bei Bedarf problemlos verschoben werden.

Abteil für Milchprodukte
Ein transparenter Deckel verhindert die Übertragung von Geschmack oder Geruch.

Regale mit erhabener Kante
Die erhabene Kante verhindert, daß sich bei Verschütten die Flüssigkeit im ganzen Kühlschrank ausbreitet.

Tiefer Stauraum in der Tür
Große Gegenstände können zweireihig angeordnet werden, und eine hohe Front verhindert das Herausfallen.

Belüftung
Schlitze an der Vorderseite ersetzen die Kühlschlangen auf der Rückseite, so daß das Gerät direkt an der Wand stehen kann.

Gemüsefach
Durchsichtige Fächer für Obst und Gemüse liegen im kühlsten Teil des Kühlschranks und erlauben eine übersichtliche Vorratshaltung.

◁ △ Moderne Griffe
Sie verlaufen entlang der gesamten Tür *(oben)* und erleichtern Erwachsenen und Kindern das Öffnen des großen Edelstahlkühlschranks, dessen Inhalt in pflegeleichten Plastik- und Glasabteilen übersichtlich geordnet ist *(links)*.

▽ Traditioneller Stil
Soll der Kühlschrank nicht als solcher kenntlich sein, kann er in einem Schrank untergebracht werden. Gemüse, das Luft, aber keine Kühlung braucht, kann in darunterliegenden Flechtkörben gelagert werden.

Lagerung haltbarer Nahrungsmittel

Übersichtliche Anordnung und Zugänglichkeit von Vorratsschränken ist von größter Bedeutung. Da Nahrungsmittel in Dosen, Flaschen oder getrockneter Form weniger Ansprüche an ihr Umfeld stellen, kann man sie in schmalen Schränken oder Eckkarussells aufbewahren, die in toten Ecken untergebracht werden.

Schmale Lösungen

In größeren Küchen sind Apothekerschränke eine praktische Lösung, da auch Gegenstände im hinteren Bereich leicht zugänglich sind. Stellen Sie sicher, daß auf beiden Seiten genügend Platz ist, um den Auszug zu erreichen, und daß eine halbhohe Reling das Herausfallen von Gegenständen verhindert. Selten verwendete, schwere Gegenstände sollten auf dem unteren Regal Platz finden.

Leicht zu öffnen
Ein mittig angebrachter Griff verteilt das Gewicht, so daß der Apothekerschrank auch im vollen Zustand leicht zu öffnen ist.

Freiraum
Lassen Sie ausreichend Platz zwischen den einzelnen Regalen, damit größere Gegenstände problemlos entnommen und abgestellt werden können.

Direkter Zugang
Die Laufschienen der Schubladen sind in die Reling integriert, um optimale Zugänglichkeit der einzelnen Ebenen zu sichern.

Stauraum für hohe Flaschen
Durch Entfernen des vorletzten Regalbodens schafft man Platz für hohe Flaschen.

Kapazität
Jedes Regal ist so tief und breit, daß mindestens vier große Flaschen untergebracht werden können.

Ein sicherer Platz für Flaschen
Die breitere Reling im Flaschenregal sorgt für sicheren Stand.

Bodenleiste aus Schichtstoff
Strapazierfähige Schichtstoffe sind pflegeleicht und stoßfest.

◁ Auszüge
Der Vorteil dieses Apothekerschranks liegt in seiner Flexibilität und Zugänglichkeit. Die Tür läßt sich leicht öffnen und schließen; Höhe und Größe der Regale sind variabel und passen sich dem jeweiligen Inhalt an.

Merkkästchen

- Prüfen Sie regelmäßig das Verfallsdatum der Vorräte, damit sich keine abgelaufenen oder vergessenen Lebensmittel ansammeln und unnötig Platz beanspruchen.
- Auszüge, kleine Schränke und Regale eignen sich zum Aufbewahren haltbarer Lebensmittel im Sichtbereich. Sichtbarkeit verhindert, daß Nahrungsmittel vergessen werden und verderben. Kleinere Regale für Kräuter etc. erleichtern ebenfalls eine übersichtliche Vorratshaltung.
- Ungenützte Küchenbereiche können der Lagerung haltbarer Lebensmittel dienen. Als praktisch, weil leicht zugänglich, erweisen sich hier Auszüge. Schmale Unterzüge können in der Nähe des Arbeitsbereichs untergebracht werden, ohne die Nutzung anderer Elemente zu behindern.

Flaschenauszug △
Ein schmaler Unterzug eignet sich für Öl, Essig und Kochwein. Er kann in dem schmalen Raum neben Herd, Backrohr oder Arbeitsfläche untergebracht werden.

Oberschränke

An der Wand montierte Schränke und Regale bieten Stauraum oberhalb der Arbeitsplatte. In Reichweite des Arbeitsbereichs angeordnet, eignen sie sich zum Aufbewahren von Gewürzen, Öl und Wein. In kleinen Küchen mit beschränkten räumlichen Möglichkeiten können Oberschränke hilfreich sein. Um eine ergonomische Nutzung sicherzustellen, müssen sie jedoch in Augenhöhe liegen. Diese Höhe kann zum Problem werden, wenn der Schrank den Blick auf die Arbeitsfläche verstellt und zu einer unnatürlichen Körperhaltung zwingt. Aus diesem Grund sollte man Schränke nicht über stark benutzten Arbeitsbereichen oder der Spüle anbringen.

Gewürzschrank ▷
Je nach Körpergröße sollte der Schrank zwischen 1,8 und 2,2 m Höhe angebracht werden. Zwischen Oberschränken und Arbeitsplatte sollte ein Abstand von mindestens 45 cm sein.

◁ Weinregal
Man gewinnt zusätzlichen Platz am Boden, wenn man Wein in einem Wandregal lagert. Stellen Sie das Regal nicht zu nahe an den Backofen, da sich für Wein eine Temperatur von etwa 15,5 °C empfiehlt.

Oberstes Regal
Selten benutzte Behälter sollten auf den oberen Regalen verstaut werden.

Regaltiefe
Die Regale sollten zwischen 15 und 30 cm tief sein, damit alle Gegenstände sichtbar sind.

Tür mit feinmaschigem Drahtgeflecht
Eine Drahttür mit Stoffrücken läßt die Luft zirkulieren und schützt Lebensmittel vor direkter Sonne.

Wandbefestigung
Der Schrank muß sicher an der Wand befestigt sein, da er in beladenem Zustand sehr schwer ist.

Ecklösungen

In kleinen Küchen, wo kein Platz verschenkt werden darf, sollten auch die Eckbereiche, an denen die Arbeitsplatten aufeinandertreffen, in die Planung einbezogen werden. Dieser tote Raum kann durch maßangefertigte und unterhalb der Arbeitsplatte eingebaute Auszüge genutzt werden. Auch auf Körperhöhe montierte Eckkarussells eignen sich für diesen Zweck und können einen möglichen Spalt zwischen einem Backrohr in Augenhöhe und der Arbeitsplatte überbrücken.

Offenes Karussell
Feste Türen drehen sich um einen Angelpunkt und schließen selbstschwingend.

Der letzte Winkel
Ist der vordere Teil herausgezogen, gleitet auch der hintere Teil, der im entfernten Eckbereich verborgen war, nach vorne.

◁ Karussell in Körperhöhe
Diese Lösung erspart es dem Benutzer, in den hintersten Winkel eines Schranks zu kriechen. Die Türen dieses Elements falten sich nach hinten und geben Zugang zum Inhalt. Gläser, Dosen und Packungen stehen übersichtlich angeordnet auf vier Regalen, die sich auf einen leichten Stoß hin drehen. Auch die obersten Regale dieses 2 m hohen Schranks sind problemlos zu erreichen.

◁ △ Zweiteiliger Auszug
Moderne Küchenbauer haben auf die Notwendigkeit, Stauraum zu schaffen, mit intelligenten Ecklösungen reagiert. In diesem zweiteiligen Element *(links und oben)* befinden sich häufig verwendete haltbare Lebensmittel, wie Nudeln und Reis, im vorderen Bereich *(links)*, während in großen Mengen gekaufte Vorräte hinten gelagert werden. Sie sind erst zugänglich, nachdem der vordere Teil zur Seite geschwenkt wurde *(oben)*.

Zubereitung der Mahlzeiten

Damit das Kochen Spaß macht, müssen einige Voraussetzungen erfüllt sein. Eine ausreichend große Arbeitsfläche, eine strapazierfähige Arbeitsplatte, Lebensmittel und Kochutensilien in Griffweite sowie kurze Entfernungen zwischen Kochbereich und Spülbecken erleichtern dem Koch das Leben. Die Arbeit macht mehr Freude, wenn man beim Kochen einen Blick ins Freie genießen oder sich mit der Familie und den Freunden unterhalten kann.

Merkkästchen

■ Zerkleinern nimmt den größten Teil der Vorbereitungszeit in Anspruch. Aus diesem Grund sollte man die Anschaffung eines eingebauten Holzblocks in Erwägung ziehen.

■ Der Vorbereitungsplatz sollte sich in der Nähe des Spülbeckens befinden, so daß frische Lebensmittel schnell abgewaschen werden können. Eine kleine, in die Arbeitsplatte integrierte Gemüsespüle sorgt für kurze Wege in der Küche *(siehe S. 58–59)*.

■ Planen Sie neben dem Vorbereitungsplatz genügend Arbeitsfläche zum Abstellen von Zutaten aus dem Kühlschrank oder der Speisekammer.

■ Die Oberflächen neben dem Herd müssen feuerfest und hitzebeständig sein, damit man heiße Pfannen abstellen kann, ohne die Arbeitsplatte zu beschädigen.

Fest eingebaut

Mit Hilfe von Einbauküchen läßt sich der beschränkte Raum einer kleinen Küche optimal nutzen. Doch blickt man bei der Arbeit immer auf eine Wand, anstatt mit seinem Gegenüber gemütlich zu plauschen. Alle Geräte, die für die Zubereitung der Mahlzeiten notwendig sind, sollten leicht erreichbar sein. Bei tiefen Arbeitsplatten kann man Messer und andere Utensilien im hinteren Bereich abstellen und sich somit einen schnellen Zugriff sichern.

△ Einzelne Schneidbretter
Zum Vorbereiten von Lebensmitteln wie Knoblauch und Fisch, deren starker Geruch schnell eindringt, sollte man Holzbrettchen verwenden, die sofort nach dem Hacken oder Schneiden mit Spülwasser gereinigt werden. Für unterschiedliche Nahrungsmittel sollte man Bretter verschiedener Größe zur Hand haben.

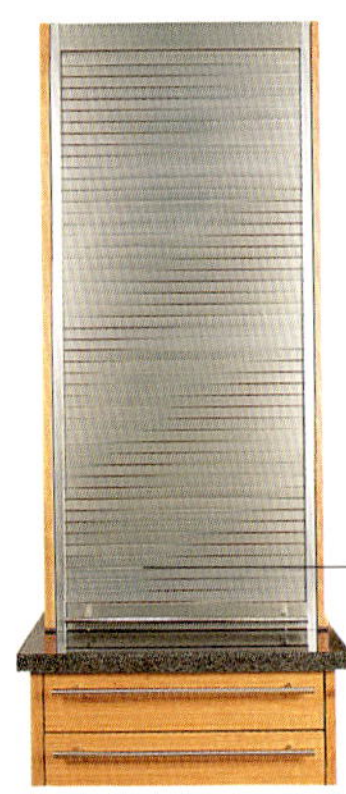

◁ Gerätefach
Eine elegante Lösung zum Verstauen schwerer Elektrogeräte, wie Küchenmaschinen. Bei Bedarf werden sie ohne Anheben einfach auf die Arbeitsplatte herausgezogen.

Geschlossener Stauraum
Geräte werden versteckt und können den Gesamteindruck nicht stören. Diese Lösung eignet sich besonders für kleine Küchen.

Rolladen
Ein Rolladenmechanismus spart Platz, da er sich nicht wie ein Schrank nach außen öffnet.

Verborgene Steckdose
In den Stauraum integrierte Stromauslässe sorgen dafür, daß die Geräte jederzeit eingesteckt und betriebsbereit sind.

▽ Zubereitungszone im Miniformat
Ein kleines Zentrum zum Vorbereiten der Mahlzeiten bietet Platz für Messer, Gewürze und Zutaten im Kochbereich.

Sichtbarer Stauraum
In transparenten Flaschen und Schütten gelagert bilden Gewürze und Hülsenfrüchte einen hübschen Blickfang.

Messerschlitze
Ein Haltesystem, das Messer und Benutzer schützt; die Schneide des Messers wird durch die Lagerung mit anderen Utensilien stumpf.

Abziehbares Brett
Die Arbeitsplatte wird durch ein leicht zugängliches Schneidbrett vor übermäßiger Beanspruchung bewahrt.

Hackbrett
Das Holzbrett aus Furnierholz hat die optimale Arbeitshöhe (siehe rechts oben)*. Durch die Lagerung in den Holzschlitzen bleiben die Messer scharf.*

Freistehende Vorbereitungszentren

Eine zentrale Insel oder ein Arbeitstisch bildet den Mittelpunkt für die Vorbereitung von Mahlzeiten. Die freistehenden Elemente *(rechts und unten)* geben dem Koch Gelegenheit, an den Ereignissen im Raum teilzunehmen. Sie sind der Blickpunkt der Küchenplanung und stellen, vor allem bei großen Küchen, das Bindeglied zu den Einrichtungsteilen der Wände dar. Die Inseln sollten so gelagert werden, daß sie sich in Reichweite der Lebensmittelvorräte, der Spüle und des Kochbereichs befinden.

Hängeregal
Öl, Knoblauch und Küchengeräte sind vom Vorbereitungsplatz aus leicht zu erreichen.

Höhe der Arbeitsplatte

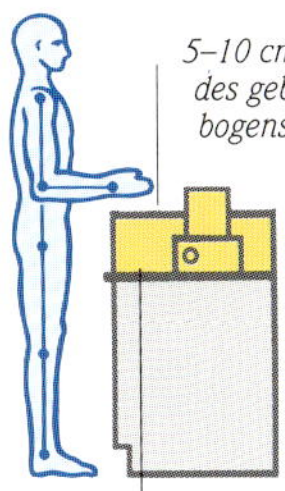

5–10 cm unterhalb des gebeugten Ellbogens zur Vorbereitung von Mahlzeiten

17–25 cm unter Ellbogenhöhe für kleine Geräte

Die Idealhöhe wird von der jeweiligen Tätigkeit bestimmt.

Großer Arbeitstisch ▷
Arbeitstische eignen sich für Räume, in denen eine massive Einheit zu dominant wäre. Solche Tische sind gewöhnlich einzeln erhältlich und haben unter der Arbeitsfläche häufig eine Ablage für Schalen und Pfannen.

Herdbereich
Das Kochfeld liegt 15 cm unterhalb der Oberkante der Arbeitsplatte, damit man in die Töpfe hineinsieht. Die danebenliegende Arbeitsplatte aus Edelstahl ist hitzebeständig und eignet sich zum Abstellen schwerer Gegenstände.

Servierzone
Eine freie Fläche zum Abstellen gefüllter Teller zwischen Kochfeld und Küchentisch erleichtert das Auftragen. Geschirr wird im darunterliegenden Schrank verstaut.

Tiefer liegende Arbeitsplatte
Eine niedrige Theke eignet sich für Aufgaben, die Kraft erfordern. Auf diese Weise kann man beim Backen von oben auf die Marmorplatte Druck ausüben.

◁ Inseleinheit
Mit Hilfe einer solchen Insel können die wichtigsten Tätigkeiten auf kleinem Raum ausgeführt und die Wege kurz gehalten werden. Die Insel ist in verschiedene Zonen für unterschiedliche Tätigkeiten unterteilt. Höhe, Größe und Beschaffenheit der Arbeitsplatte werden von der Art der Tätigkeit bestimmt.

Lebensmittel säubern, Abfall entsorgen

Ein hygienischer und sorgfältig geplanter Umgang mit Lebensmitteln und Abfall ist für eine gut organisierte Küche unabdingbar. Man sollte eine Spüle mit zwei Becken in Erwägung ziehen, wo Fisch, Fleisch, Gemüse und Obst gewaschen werden können, ohne andere Küchentätigkeiten zu behindern. Auch geeignete Sammelstellen für organischen Abfall sind einzuplanen. Behälter für Flaschen und Dosen sollten möglichst außerhalb des Küchenzentrums gelagert werden.

△ **Kleines Spülbecken**
Eine in die Arbeitsplatte eingelassene Spüle sollte in einer praktischen Größe gewählt und nahe dem Rand angebracht werden, damit man sich bei der Benutzung nicht weit nach vorne lehnen muß. Eine gute Versiegelung verhindert, daß Wasser in die darunterliegenden Schränke dringt.

Das Säubern von Lebensmitteln

In einer geräumigen Küche mit großen Abständen zwischen den Tätigkeitsbereichen kann eine zweite Spüle zum Reinigen von Lebensmitteln hilfreich sein. Andernfalls eignet sich eine Spüle mit zwei Becken, wo gleichzeitig Nahrungsmittel gereinigt und Geräte, Töpfe und Geschirr gespült werden können.

Spritzschutz
Eine hohe Verkleidung aus Edelstahl schützt die Wand vor Wasserspritzern.

Sprühkopf
Eine ausziehbare Sprühdüse zum Säubern frischer Zutaten wird durch einen biegsamen Schlauch an die Wasserversorgung angeschlossen.

◁ **Doppelspüle**
Bei einem Doppelbecken können zwei Leute gleichzeitig an der Spüle stehen und unterschiedliche Tätigkeiten ausführen. Da die Spüle starker Beanspruchung ausgesetzt ist, besteht sie aus einem haltbaren, wasserbeständigen und rostfreien Material wie Edelstahl.

Doppelbecken
Während man in einem Becken frische Zutaten wäscht, kann man im anderen schmutzige Töpfe und Geschirr einweichen.

Vorderfront
Eine Front aus Edelstahl verhindert, daß Wasser in die darunterliegenden Schränke eindringt.

Mehrzweckspüle ▽
Eine durchdachte Spüle mit einem tiefen Becken, in dem auch Backbleche und Pfannen gereinigt werden können, ist manchmal vielseitiger als eine Doppelspüle mit zwei kleinen Becken. Sieb, Ablaufgestell und Schneidbrett können in das Becken eingesetzt werden, so daß der Platz je nach Bedarf unterschiedlich aufgeteilt wird.

Abfallentsorgung
Speisereste werden von den Tellern in die Entsorgungseinheit unterhalb des Wasserhahns gespült.

Einhebelmischer
Der Hebel kann beliebig nach links oder rechts geschwenkt werden.

Sieb
Nachdem die gesäuberten Lebensmittel abgetropft sind, wird der Korb durch einen Schneidblock ersetzt und unterhalb der Spüle verstaut.

Ablaufgestell
Das Wasser läuft direkt in die Spüle. Ein separates Tellergestell oder Ablaufbrett ist überflüssig.

Mülltrennung

Die Haushalte produzieren Unmengen an Abfall, der zum Großteil sortiert und der Wiederverwertung zugeführt werden kann. Bevor man einen bestimmten Platz für die Mülltrennung in der Küche vorsieht, sollte man sich bei der jeweiligen Gemeinde erkundigen, welche Arten von Müll wiederverwertet werden. Gartenbesitzer sollten Kompostierung erwägen.

Geruchsfreie Abfallsammler
Um die Entwicklung unangenehmer Gerüche zu vermeiden, müssen Flaschen und Dosen vor der Lagerung ausgewaschen werden.

◁ Stapelbare Behälter
Die verschiedenen Müllsorten werden in leichten, stapelbaren Plastikbehältern getrennt gelagert. Klappdeckel ermöglichen die schnelle Müllentsorgung. Man lagert die Behälter, die regelmäßig geleert werden sollten, außerhalb des Sichtbereichs.

△ Abwurfschacht für Biomüll
Über einen in die hölzerne Arbeitsplatte eingelassenen Schacht gelangt der Biomüll direkt in den darunterliegenden Abfalleimer. Organischer Müll, wie Gemüseschalen, kann auf diese Weise schnell entsorgt werden. Die Arbeitsplatte bleibt frei, und der Abfall wird direkt auf den Komposthaufen geleert.

△ Mehrfachtrennung
Ein neben der Spüle untergebrachter Auszug ist mit zwei flachen Behältern bestückt, die regelmäßig geleert werden müssen. Die Behälter sollten sich leicht herausnehmen und der Innenraum des Auszugs problemlos reinigen lassen. Der Auszug muß luftdicht abschließen, damit keine Gerüche nach außen dringen.

Merkkästchen

- Behälter und Abwurfschacht für Biomüll sollten nahe beim Vorbereitungsbereich liegen, damit man die Abfälle nicht durch die Küche tragen muß.
- Die Größe der Abfallbehälter für Hausmüll muß der Größe der jeweiligen Familie angepaßt sein. Vor allem wenn man in einem Hochhaus lebt, ist es auf die Dauer lästig, mehrmals täglich zur Mülltonne zu gehen.
- Will man nicht den gesamten Müll trennen, kann man sich auf »sauberen« Abfall beschränken. Zeitungen und Glasflaschen können leicht und sauber sortiert sowie in Stapelbehältern gelagert und dann der Wiederverwertung zugeführt werden.

Müllentsorgung

In kleinen Wohnungen oder Häusern fehlt häufig der Platz für Mülltrennung. Ein Abfallverdichter nimmt wenig Raum ein und komprimiert umfangreichen Hausmüll zu handlichen Bündeln. Für die Entsorgung von Speiseresten gibt es spezielle Geräte. Billiger ist ein schlanker, freistehender Treteimer.

◁ Elektrischer Verdichter
Der gesamte Hausmüll wird eingefüllt und dann auf Knopfdruck komprimiert. Dieses kleine Gerät muß nur alle paar Wochen geleert werden.

Kohlefilter
Der Filter verhindert, daß bei geöffneter Tür unangenehme Gerüche entweichen.

Treteimer ▷
Ein flexibles Element, das an jedem beliebigen Ort im Raum eingesetzt werden kann. Dank seiner schlanken Form nimmt es weniger Platz als andere Metalleimer ein.

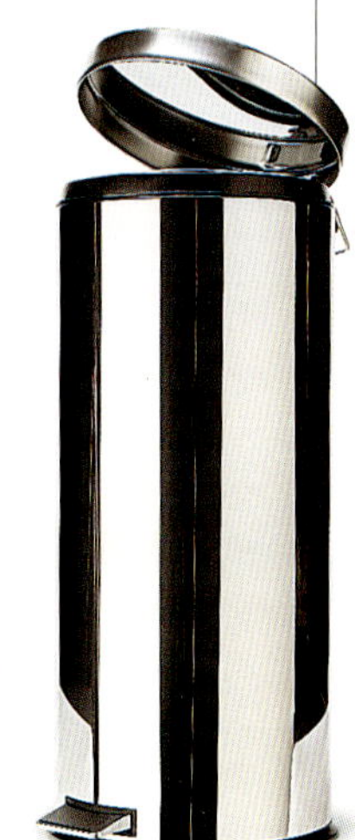

Plastikbrett
Das Brett bietet eine zusätzliche Schneidefläche. Ein spezieller Sammler nimmt Biomüll auf.

Abfallfreies Spülbecken
Kein Abfall behindert den Wasserablauf, da er dem Entsorgungssystem direkt zugeführt wird.

▽ Spezielle Entsorgungseinheiten
Will man Biomüll nicht kompostieren, sollte man eine Spüle mit elektrischem Entsorgungssystem erwägen. Dieses Gerät verarbeitet Speisereste und Knochen zu einer Paste, die dann weggespült wird. Der Betrieb des Mahlwerks kann beträchtlichen Lärm verursachen.

Ablagefläche
Gewaschene Lebensmittel können hier bis zur Verarbeitung gelagert werden.

Abfallkammer
Die Müllentsorgungseinheit paßt genau in diese Kammer. Durch Betätigen eines Sicherheitsschalters setzt man das Mahlwerk in Betrieb.

Herd und Dunstabzug

Lage und Wahl des Herds sind von größter Bedeutung für eine funktionelle Küche, in der das Kochen Spaß macht. Im Idealfall blickt der Herd in den Raum, liegt nahe an der Spüle und bietet Abstellflächen für heiße Töpfe. Ein leistungsstarker Dunstabzug befreit den Raum von Küchengerüchen und Dampf. In die Dunstabzugshaube integrierte Lampen erleuchten das Kochfeld.

Kombinationsherde

Mit einem in die Arbeitsplatte integrierten Gas-, Halogen- oder Induktionsherd sowie einem in die Wand installierten elektrischen Backrohr genießt man die Vorteile verschiedener Energiequellen – ein Gasherd reagiert schnell, und ein elektrisches Backrohr bietet gleichmäßige Hitze. Heutzutage gibt es eine Vielzahl unterschiedlicher Herde mit Dampfgarer, Grill und Wok, so daß der Herd den individuellen Kochgewohnheiten angepaßt werden kann.

Merkkästchen

■ Im Laufe der Jahre verbringt man viel Zeit am Herd. Aus diesem Grund sollte man die Küche so planen, daß sich der Kochbereich an einem sicheren, gemütlichen und praktischen Platz befindet. Eine Kochinsel ist hier besonders geeignet *(siehe S. 62–63).*

■ Bei der Wahl des Kochbereichs sollte man berücksichtigen, daß die verschiedenen Dunstabzugssysteme ihre Grenzen haben. Sie funktionieren am besten, wenn sie mit der Außenwand verbunden sind. In Kücheninseln integrierte Herde erfordern einen besonders leistungsstarken Dunstabzug.

■ Ein funktioneller Herd muß leicht zu reinigen sein. Die meisten Pfannenroste passen heutzutage in die Spülmaschine. Stellen Sie sicher, daß der übrige Herd keine unzugänglichen Ecken aufweist, in denen sich Fett anlagern kann.

■ Achten Sie auf die Stabilität der Pfannenroste. Wenn die Zinken zu kurz sind oder hoch über dem Herd stehen, fallen Töpfe leicht vom Rost herunter.

■ Wer viel kocht, sollte darauf achten, daß Kochmulde und Pfannenroste hoher Beanspruchung standhalten und aus strapazierfähigem Material, wie Edelstahl oder Glaskeramik, bestehen.

Gasherd mit Grill ▽
Ein solider, halbprofessioneller Herd kann je nach Kochgewohnheiten mit verschiedenen Funktionen ausgestattet werden. Hier ist ein leistungsstarker Dunstabzug zwischen dem Grill und den vier Gasringen eingelassen, der den Dampf nach unten absaugt.

Gasbrenner
Die zwei Gasbrenner sind mit legiertem Gußeisen eingefaßt.

Platz für Pfannen
Eine Edelstahlfläche zwischen den Rosten stellt sicher, daß gleichzeitig vier große Pfannen oder Töpfe auf dem Herd Platz finden.

Grillplatte
Mit diesem flexiblen System kann man Speisen auf dem Herd anstatt im Backrohr grillen.

Eingebauter Dunstabzug
Küchengerüche und Dampf werden von einem internen Ventilator nach unten abgesaugt.

Kontrollknöpfe
Handliche große Knöpfe ermöglichen die einfache Regulierung der Gasbrenner.

Halogenherd aus Keramik mit Dampfgarer ▽
Den Keramikherd flankieren zwei Dunstabzüge, ein Dampfgarer sowie ein Grill. Auf diese Weise werden verschiedene Kochfunktionen auf kleinem Raum untergebracht. Der Herd ist in eine strapazierfähige, feuerfeste Arbeitsplatte aus Granit eingelassen, auf der heiße und schwere Töpfe und Pfannen abgestellt werden können.

Abdeckbarer Grill
Ist der Grill nicht in Gebrauch, bildet der Klappdeckel eine nützliche Abstellfläche für Töpfe.

Dampfgarer mit Deckel
Wer gerne Gedünstetes ißt, dem spart dieses Zubehörteil wertvollen Platz auf dem Herd.

Keramikherd
Dieser mit Halogenringen ausgestattete Herd ist ähnlich vielseitig wie ein Gasbrenner.

Dunstabzug
Dunstabzüge auf beiden Seiten des Herds entfernen Dampf und Küchengerüche.

Herde mit Dunstabzugshauben

Kondensation stellt in vielen Küchen ein Problem dar, da köchelnde Speisen Wärme und Feuchtigkeit abgeben. Ein Dunstabzug oder eine Esse verhindert, daß die Farbe abblättert und sich Schimmel bildet. Hat der Dunstabzug einen integrierten Ventilator, sollte man darauf achten, daß der Motor leise läuft. Falls dies nicht der Fall ist, kann der Ventilator unter Umständen an der Außenwand installiert werden. Fürchtet man, daß die Abzugshaube bei der Küchenarbeit im Weg ist, sollte man ein Abzugssystem nach unten erwägen *(unten links)*.

▽ Professioneller Gasherd
Viele Profiköche empfehlen einen Gasherd, da die Brennstellen schnell heiß werden, und sich die Temperatur leicht regulieren läßt. Der Raum zwischen den vier Brennstellen wurde hier geschickt für zwei Abstellflächen genützt.

Tiefer gelegter Herd ▷
Ein Induktionsherd ist ähnlich flexibel wie ein Gasherd, doch wird die elektrische Energie erst im Kochtopf in Wärme umgewandelt, so daß die Herdoberfläche immer eine ungefährliche, niedrige Temperatur aufweist.

Ausziehbare Dunstabzugshaube
Köcheln mehrere Speisen gleichzeitig, zieht man die Haube heraus. Ansonsten bleibt der Kopfraum frei.

Seitenflächen aus Edelstahl
Ein hochgezogener Rand sorgt für Sicherheit und Hygiene, da heiße Speisen nicht über den Herd hinausspritzen können.

Stauraum für Töpfe
Offene Regale unter dem Herd sind zwar praktisch, doch sammeln sich schnell Fett und Staub auf unbenutzten Töpfen und Pfannen.

Dunstabzugshaube
Unter der Haube angebrachte Lampen sorgen für eine ausreichende Beleuchtung der Kochfläche.

Haubenhöhe
Die Entfernung zwischen Haube und Herd ist für die Funktionalität des Abzugs von größter Bedeutung. Die Anweisung des Herstellers ist zu beachten.

Abzugsrost
Dieses an der Wand installierte System saugt Dampf und Gerüche ab, bevor diese in den Raum gelangen.

Gasbrenner
Im Gegensatz zu Elektroringen, die irgendwann einmal ausbrennen, haben Gasbrenner eine unbegrenzte Lebensdauer, und die Flamme läßt sich einfach regulieren.

Herdhöhe

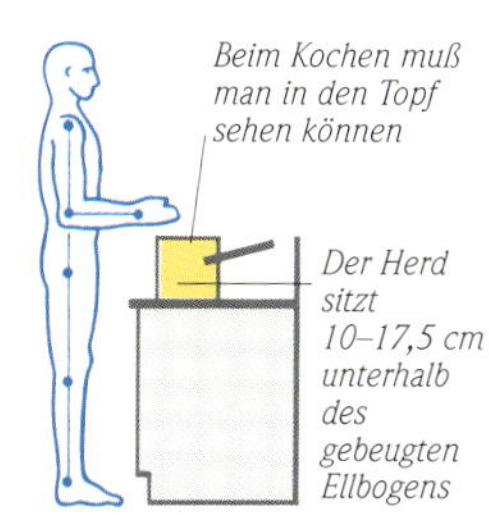

Man schützt die Oberflächen vor Fettspritzern, indem man den Herd tiefer als die benachbarte Arbeitsplatte legt.

Backofen

Der moderne Koch hat die Auswahl zwischen einer Vielzahl freistehender oder eingebauter Backöfen mit den unterschiedlichsten Funktionen. Manche Backöfen, die man auch gerne als »halbprofessionell« bezeichnet, ähneln den in der Gastronomie verwendeten Geräten. Lassen Sie sich jedoch nicht von Äußerlichkeiten blenden, sondern entscheiden Sie nach Ihren eigenen Kriterien, was Größe, Selbstreinigung und Energieverbrauch betrifft.

Ein traditioneller Ofen ▷
Dieser Emailofen wird mit festen Brennstoffen, Öl, Gas oder Strom betrieben. Er ist immer heiß und einsatzbereit.

Backöfen unterhalb der Arbeitsplatte

Viele Hersteller bieten Geräte mit Herd und einem oder zwei Backrohren an. Diese Kombinationsgeräte haben den Vorteil, daß sich die Kochtätigkeit auf einen bestimmten Teil der Küche konzentriert. Köche, die viele Speisen braten oder überbacken, finden das ständige Bücken jedoch beschwerlich. Bei kleinen Küchen ist ein Kombinationsgerät sicher empfehlenswert; man muß auf jeden Fall darauf achten, daß genügend Platz zum Öffnen des Backrohrs vorhanden ist.

Freistehender Ofen ▽
Dieses solide gebaute Qualitätsgerät hat sechs Gasbrenner, eine Wärmeplatte und zwei Backrohre. Eine solche Anschaffung lohnt sich für Profiköche und große Familien.

Spritzschutz aus Edelstahl
Ein Spritzschutz verhindert die Anlagerung von Fett an der Küchenwand.

Einfache Bedienungsknöpfe
Handliche Knöpfe und nach unten klappbare Türen zeichnen das bedienerfreundliche Gerät aus.

Edelstahl
Die langlebige Edelstahlabdeckung wird durch Gebrauch erst richtig schön.

Abgeflachte Seiten
Das Gerät kann bündig in einen Unterschrank eingebaut werden oder frei im Raum stehen.

Belüftete Tür
Kleine Lüftungsschlitze sorgen dafür, daß die Türen in Kinderhöhe außen kühl bleiben.

Vier Beine
Dieser Ofen steht auf kurzen Beinen, so daß man den darunterliegenden Boden wischen kann.

Transparente Tür
Durch die Glasscheibe kann man die Speisen beobachten, ohne die Tür zu öffnen.

Stauraum
Nicht benutzte Backbleche können hier ordentlich verstaut werden.

△ Kombinierter Herd mit Backrohr
Dies ist ein kompaktes Gerät, falls der Platz für einen Backofen in Augenhöhe fehlt. Wenn der Halogenherd nicht in Betrieb ist, läßt er sich als zusätzliche Arbeitsfläche nutzen.

Merkkästchen

- Es gilt zu überlegen, ob der Herd in Augenhöhe liegen soll. Man sollte bedenken, daß die Trennung von Ofen und Herd die praktischere, aber auch kostspieligere Lösung ist.
- Will man einen leistungsstarken Dunstabzug ins Freie installieren *(siehe S. 28–29)*, müssen Herd und Ofen an einer Außenwand liegen.
- Prüfen Sie, ob der Boden einen schweren Ofen trägt.
- Soll der große Ofen im Sommer abgestellt werden, braucht man einen zusätzlichen Herd sowie ein Backrohr.

Backofen in Augenhöhe

Ein Gerät in Augenhöhe, dessen Tür sich nach unten öffnen läßt, ist leichter und sicherer in der Bedienung als ein unter der Arbeitsplatte liegender Backofen. Das Kochgefäß wird ohne Bücken ins Rohr eingeschoben, und man kann die Speisen bequem im Auge behalten. Wenn man für viele Leute kocht, empfiehlt sich ein zweites Backrohr zum Anwärmen von Tellern, zum Grillen oder für den Mikrowellenbetrieb.

Ofenhöhe

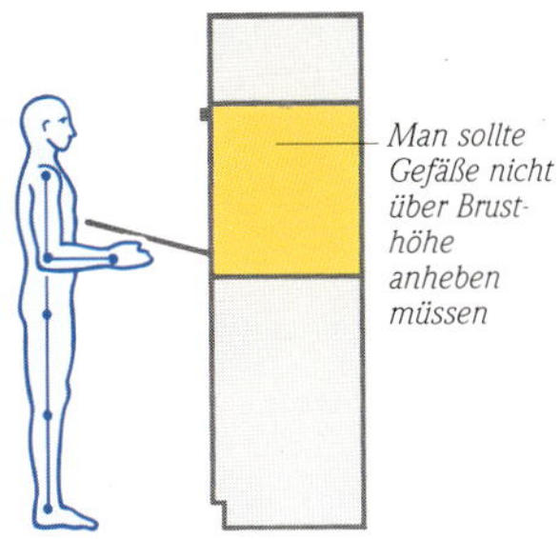

Man plaziert einen einzelnen Backofen oder zwei übereinander angeordnete Geräte am besten zwischen Augenhöhe und Taille.

Schiebetür
Mit einem einfachen Handgriff öffnet sich die Schranktür, hinter der sich der Dampfgarer befindet.

Dampfgarer
Dieses Gerät ist zwar teuer; doch wenn es den persönlichen Eßgewohnheiten entgegenkommt, lohnt sich die Anschaffung.

Zweiter Backofen
Am besten eignet sich ein Umluftherd mit Grillfunktion und Mikrowelle.

Stauraum
Die Öfen sind auf einer bedienerfreundlichen Höhe installiert, so daß unten noch ein Vorratsschrank bleibt.

Kombination mit Dampfgarer ▷
Leute, die eine gesunde, fettfreie Küche bevorzugen, profitieren von einem Dampfgarer, der den herkömmlichen Schnellkochtopf ersetzt. Dampfgaren verhindert das Austrocknen von frischem Gemüse und Fisch. In Kombination mit einem elektrischen Mehrzweckofen sind alle Möglichkeiten der Zubereitung abgedeckt.

◁ Doppelofen
Für begeisterte Köche, die gerne backen, braten und grillen, eignet sich ein Doppelofen mit getrenntem Kochfeld. Es empfehlen sich Geräte in solider Ausführung mit einfacher Bedienung und herausklappbaren Türen, die auch als Abstellfläche für heiße Speisen dienen.

Mikrowelle und elektrischer Backofen ▷
Für vielbeschäftigte Leute empfiehlt sich die Kombination von elektrischem Backofen und Mikrowelle. Kochmuffel können den Schrank unterhalb der Mikrowelle anstelle eines Backofens mit einer Spülmaschine bestücken und sich so das Abspülen sparen *(siehe Wohnküche, S. 70–71)*.

Essplatz

Wenn die Küche nicht extrem klein ist, sollte man versuchen, einen Eßplatz zu integrieren, da ein Tisch der Dreh- und Angelpunkt einer geselligen Küche ist. Er bildet einen Anziehungspunkt, an dem sich Familie und Freunde wie von selbst versammeln. Aus diesem Grund sollte der Tisch einen möglichst gemütlichen Platz einnehmen, das schönste Licht haben oder in den Garten hinausblicken.

△ **Gelungene Ecklösung**
Ein maßangefertigter Dreieckstisch macht das Beste aus diesem Eckbereich. Es entsteht eine tiefe Fläche, an der bequem zwei Gedecke Platz haben, ohne daß der Tisch überladen wirkt.

Einbautische

Bei sorgfältiger Planung bringt man selbst in der kleinsten Küche ein Tischchen unter, an dem man kleine Mahlzeiten einnehmen kann. Solch ein kleiner Tisch eignet sich auch als zusätzlicher Arbeitsplatz oder kurzfristige Sammelstelle für in Gebrauch befindliche Gegenstände.

Klapptisch und -stühle ▷
Ein Klapptisch ist eine preiswerte Lösung für Leute, die gerne in der Küche essen, aber nicht genug Raum für einen festen Eßplatz haben. Doch Vorsicht! Manche Tische sind wenig stabil und bieten unzureichend Platz.

Tischgröße
Der Tisch sollte pro Gedeck mindestens 30 cm Platz bieten.

Tischplatte aus Schichtstoff
Diese abwaschbare, jedoch nicht kratzfeste Tischplatte ist ideal für Kinder.

Pflegeleichte Stühle
Verwenden Sie Stühle ohne Polster, die man einfach abwischen kann.

Klappstühle
Leichte Stühle können nach Gebrauch zusammengeklappt und weggestellt werden.

Beinfreiheit
Eine durchdachte Klapplösung bietet ausreichend Beinfreiheit.

Frühstückstheke ▽
Die Frühstückstheke aus Granit verläuft um den Kochbereich des zentral gelegenen Herds. An diesem geräumigen, hufeisenförmigen Tisch werden zwanglose Mahlzeiten eingenommen.

Erhöhte Theke
Die Theke sitzt oberhalb des Kochfelds, so daß eventuelle Kochspuren dem Auge verborgen bleiben.

Granitplatte
Eine strapazierfähige feuerfeste Oberfläche, von der sich Flecken mühelos abwischen lassen.

Barhocker
Hier eignen sich gepolsterte Hocker mit Rückenlehne und Fußstütze.

Merkkästchen

- Meist findet der Küchentisch an der Stelle Platz, die nach der Montage aller Einbauten und Geräte noch übrig bleibt. Die Position des Tisches sollte jedoch von Anfang an in der Planung berücksichtigt werden.
- Die Lage des Tisches ist besonders wichtig. Es sollte möglichst viel Tageslicht auf den zugluftfreien Eßplatz fallen, der auch im Winter behaglich warm ist.
- In der Nähe des Tisches sollte ein Schrank eingeplant werden, wo Frühstückszutaten, Tischwäsche, Geschirr, Gläser und Besteck Platz finden.
- Bei Familien mit Kindern wird der Küchentisch zum Erledigen der Hausaufgaben, Malen und für viele andere Beschäftigungen verwendet. Entscheidet man sich für einen Holztisch, ist eine geölte Oberfläche strapazierfähiger als eine lackierte Tischplatte.

Tischform

Für Leute, die kein separates Eßzimmer haben oder ihre Mahlzeiten lieber in der entspannten Atmosphäre der Küche einnehmen, sind Form und Größe des Tisches wesentlich. Küchentische sind entweder rund, oval oder rechteckig. Jede Form hat Auswirkungen auf die Interaktion der Menschen, die am Tisch Platz nehmen. Die Größe des Tisches will ebenfalls sorgsam bedacht sein. Auch bei großen Räumen paßt ein ausladender Tisch oft nicht zum angestrebten Eindruck oder zur Anzahl seiner regelmäßigen Benutzer.

Runder Tisch ▷
Mit einem runden Tisch läßt sich ein viereckiger Raum gut nutzen. Er eignet sich für vier Personen und wirkt sehr demokratisch, da niemand am Kopf des Tisches sitzt. Große, runde Tische sind wegen ihres Durchmessers weniger geeignet, da die Gäste zwangsläufig die Stimme erheben müssen, um sich zu verständigen.

Tisch für vier Gedecke
Ein Tisch mit einem Durchmesser von etwa einem Meter bietet bequem Platz für vier Personen.

Ellbogenfreiheit

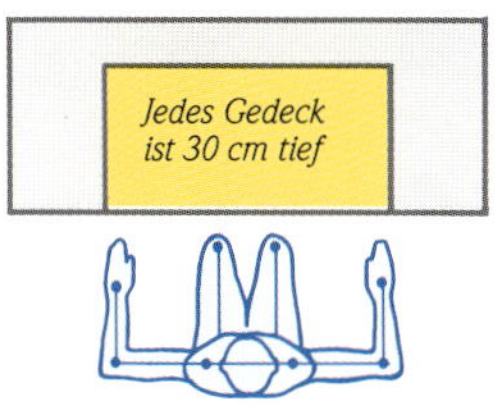

Um entspannt essen zu können, benötigt man pro Person 55 cm Tischbreite, sowie zusätzlich 5 cm auf jeder Seite, damit man seinen Stuhl bewegen kann, ohne den Tischnachbarn zu stören.

Ovaler Tisch ▽
Ein Oval ist wohl die beste Form für sechs Personen, da alle Blickkontakt halten können. Die großzügige Innenfläche verhindert, daß der Tisch überladen wirkt.

Zurückversetzte Tischbeine
Schlanke Tischbeine geben genügend Platz für zwei Stühle an jeder Seite, so daß auch acht Personen Platz finden können.

Tischgröße
Dieses Oval ist 1,6 m lang und in der Mitte 1,3 m breit.

Rechteckiger Tisch ▽
Große Familien oder Leute mit vielen Gästen wählen einen geräumigen, rechteckigen Tisch, an dem bis zu zehn Personen Platz finden. Hier wird Essen zum Gemeinschaftserlebnis. Ein Eßtisch dieser Größe kann freilich nur in einer großen Küche untergebracht werden.

Sitzgelegenheiten
Will man Platz sparen, kann man die einzelnen Stühle durch eine Sitzbank ersetzen.

Tischlänge
Hier beträgt die Entfernung zwischen den Enden 2 m, so daß sich beim Tischgespräch oft Gruppen bilden.

SPÜLEN

Der Spülbereich wird stärker beansprucht als andere Zonen der Küche. Aus diesem Grund sollte er sorgfältig geplant sein. Zunächst sind einige ergonomische Fragen zu klären: Höhe der Spüle, Tiefe des Beckens, Platz zum Ablaufen, Nähe von Stauraum für Geschirr und Besteck sowie Lage des Spülenschranks. Dann erst kann man sich um eine interessante Gestaltung bemühen.

Merkkästchen

- Der Weg zwischen Spüle, Herd und Arbeitsplatte sollte möglichst kurz sein, da Vor- und Zubereitung ständiges Reinigen von Zutaten und Säubern der Küchengeräte erfordert.
- Stellen Sie fest, welche Tätigkeiten Sie an der Spüle ausüben wollen, bevor Sie sich für ein großes Becken oder zwei bis drei kleinere entscheiden. Wird das Becken nur für Pfannen und Backbleche verwendet oder auch zum Reinigen von Geschirr und Gläsern?
- Planen Sie beim Spülenschrank auf beiden Seiten genügend Raum für Ablaufflächen ein, und wählen Sie einen Platz mit schöner Aussicht, vielleicht sogar mit Blick in den Garten.
- Falls man einen Geschirrspüler einplant, sollte dieser an erhöhter Stelle installiert werden, damit man sich beim Ein- und Ausräumen nicht dauernd bücken muß.

Höhe der Spüle

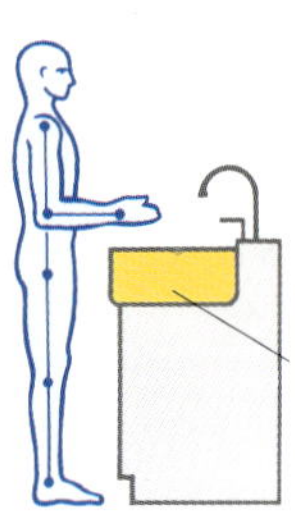

Wählen Sie kein übermäßig tiefes Becken, da dies den Rücken unnötig belastet

Die Idealhöhe für die Oberfläche der Spüle liegt 5 cm unterhalb des angewinkelten Ellbogens. Der Spülenschrank sollte etwas über Taillenhöhe liegen, doch sollte man sich keinesfalls über das Becken beugen müssen.

Spülen von Hand

Passen Sie die Spüle Ihren Bedürfnissen an. Wenn Sie regelmäßig eine große Familie versorgen, eignet sich eine großzügige Spüle mit geräumigen Ablaufflächen. Das Becken muß ausreichend Platz für große Töpfe, Pfannen und Schneidbretter bieten. Für Menschen, die ein- bis zweimal täglich eine kleinere Menge Geschirr spülen, eignet sich eine Kompaktlösung.

Stauraum für Geschirr
Glasschränke und ein Tellerbord bieten Stauraum in Griffweite.

Ablaufbrett
Eine Oberfläche aus Holz gibt etwas nach, so daß weniger Geschirr zu Bruch geht.

Schwanenhals
Hohe Wasserhähne lassen Platz für große Pfannen.

Weißes Porzellan
Ein mit Porzellan überzogener feuerfester Ton ist pflegeleicht und verfärbt sich nicht.

Belfast Spüle △
Dieses altmodische Design vereint Größe und Tiefe mit Strapazierfähigkeit. Es wird ohne Rahmen eingesetzt, so daß die Porzellanschale sichtbar bleibt und sich der Benutzer kaum nach vorne beugen muß. Will man diese Spüle als Doppelbecken zum Säubern von Zutaten und Spülen von Kochgeräten verwenden, stellt man einfach eine kleine Plastikschüssel in das Porzellanbecken.

Hohes Regal
Da die hier verstauten Gegenstände schwer erreichbar sind, sollte man nur selten Benutztes so weit oben aufbewahren.

Eckspüle ▷
In einer kleinen Küche bietet eine keilförmige Spüleinheit mit einer kompakten Ablauffläche alles, was zum Abwasch nötig ist, und läßt Platz für eine großzügige Arbeitsplatte.

Deckenleuchten
Oberhalb der Spüle sorgen eingebaute Lampen für gute Beleuchtung und verhindern, daß der Benutzer diesen kleinen Raum verschattet.

Abgedecktes Bord
Teller und Tassen laufen direkt in die Spüle ab. Nach dem Trocknen sind sie hinter der Klapptür ordentlich verstaut.

Haushaltsreiniger
Sie befinden sich in einem kleinen Gestell in Augenhöhe, so daß der Platz um die Spüle frei bleibt.

Edelstahl
Erhabene Seiten und ein breiter Überhang verhindern, daß Wasser in den Schrank und auf den Boden schwappt.

Abgerundete Kante
Aus Gründen der Sicherheit und optischen Schönheit wurde dieser Schrank mit einer abgerundeten Kante versehen.

Spülmaschinen

Vergleichen Sie die verschiedenen Modelle bezüglich ihrer Verläßlichkeit und Haltbarkeit. Achten Sie auf niedrigen Energieverbrauch, geringes Betriebsgeräusch, zwei Dreharme für eine gründliche Reinigung, Überlaufsensoren, herausnehmbare Körbchen und verschieden große Einsätze für Teller und Gläser. Geschirrspüler gibt es auch in kleinen, schmalen Formaten.

▽ Spülkombination
Kleine Küchen wirken schnell chaotisch, wenn sich auf den Arbeitsflächen ungespültes Geschirr türmt. Ein Geschirrspüler kann mit einem geringen Kostenaufwand an die Wasserleitungen der Spüle angeschlossen werden.

Oberfläche aus Granit
Eine strapazierfähige Arbeitsplatte aus Granit trotzt allen Flecken.

Innenleben
Edelstahleinsätze sind haltbar, verschmutzen nicht und nehmen keine Gerüche an.

Freiraum
Bei einer schmalen Küche gilt es darauf zu achten, daß man auch bei geöffneter Tür noch um den Geschirrspüler herumgehen kann.

Stauraum für Zubehör

Ein durchdachtes System ermöglicht es, Küchenzubehör, Gläser und Porzellan übersichtlich aufzubewahren. Häufig benutzte Gegenstände sollten vom Arbeitsbereich aus leicht erreichbar sein und zwischen Knie- und Augenhöhe gelagert werden. Ein Großteil dieser Küchenutensilien wird mehrmals täglich verwendet und sollte sich in der Nähe von Spülbecken oder Spülmaschine befinden, um die Wege in der Küche möglichst kurz zu halten.

Aus den Augen ...

Auf Küchengeräten, die offen gelagert und nicht regelmäßig benutzt werden, sammeln sich Staub und Fett. Will man zusätzliches Putzen vermeiden und die Arbeitsflächen nicht unnötig vollstellen, verstaut man solche Gegenstände am besten im Schrank. Das Innere sollte so geordnet sein, daß Gegenstände des täglichen Gebrauchs im vorderen Bereich zu finden sind. Lassen Sie die Finger von übermäßig tiefen Regalen.

Regaltiefe

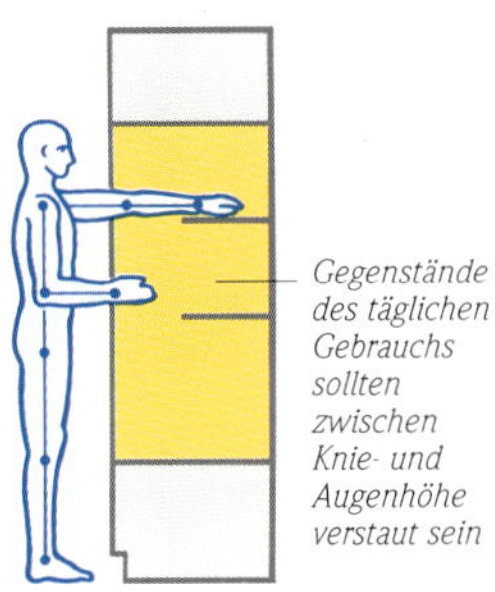

Um unnötiges Strecken zu vermeiden, sollten die Regale eine Tiefe von höchstens 60 cm aufweisen. Tiefere Regale sind unpraktisch.

Kredenz ▷
Ein irischer Speiseschrank aus dem 19. Jahrhundert mit vier Türen und zwei Schubladen stellt einen attraktiven und praktischen Stauraum dar. Ein großer an der Küchenwand plazierter Schrank hat eine höhere Speicherkapazität als eine Reihe von eingebauten Ober- und Unterschränken.

Große Schalen sind dekorativ
Sie verleihen der Küche eine besondere Note, müssen aber regelmäßig gereinigt werden.

Schrankhöhe
Das oberste Regal ist leicht erreichbar, da der Schrank insgesamt nur 1,9 m hoch ist.

Schublade für Utensilien
Küchenwerkzeug sollte in getrennten Fächern gelagert werden, um die Schneiden scharf zu halten und vor Beschädigungen zu schützen.

△ Utensilien unter dem Herd
Unter diesem Herd ist eine flache Schublade untergebracht. Sie ist im vorderen und hinteren Bereich in je neun Fächer unterteilt, um Übersicht und Ordnung zu wahren. Die Fächer sind leicht gebogen, so daß die Gegenstände problemlos entnommen werden können.

Topfauszug
Eine Laminatbeschichtung sorgt für ein strapazierfähiges Inneres.

△ Platz für Töpfe
Wie anderes Küchenzubehör sollten auch Töpfe in der Nähe des Arbeitsbereichs untergebracht werden. Will man die Töpfe lieber aufräumen, kann man eine tiefe Schublade installieren, die auf stabilen Laufschienen voll auszugsfähig ist.

Merkkästchen

- Überlegen Sie, ob das von Ihnen bevorzugte System auch wirklich praktisch ist. Wenn das Äußere der Küchengeräte nicht besonders ansprechend ist, entscheidet man sich besser für einen geschlossenen Stauraum.
- Die Regale sollten höhenverstellbar sein, damit große und kleine Stücke, Gläser, Elektrogeräte sowie Töpfe und Pfannen untergebracht werden können.

Alles im Blick

Die Küche erhält einen besonderen Reiz, wenn Töpfe, Pfannen und anderes Küchenzubehör sichtbar aufbewahrt werden. Die besten offenen Systeme – ob modern oder altmodisch – zeichnen sich durch Ordnung und Übersichtlichkeit aus. Praktische und ästhetische Erwägungen sollten in Einklang stehen. Aufrecht aufgestellte Teller *(unten)* sehen nicht nur hübsch aus, sondern verstauben auch weniger.

Topfbaum ▷
Befindet sich in der Nähe des Herds eine ungenützte Ecke, dann ist ein Topfbaum ein hilfreiches Element. Bei der Auswahl gilt es jedoch auf Stabilität zu achten.

Topfgröße
Die Töpfe werden nach unten immer größer und schwerer.

◁ Traditionelle Kommode
Eine alte Kommode mit offenen Regalen, Haken, Schubladen und Schränken ist ein praktisches Schmuckstück, in dem Tassen, Teller, Besteck und Gläser aufbewahrt und ausgestellt werden können.

Haken für Tassen
Tassen hängt man an der Vorderkante der Regale auf, damit sie nicht unnötig Stellfläche einnehmen.

Unterschränke
Weniger dekorative Gebrauchsgegenstände werden in den geschlossenen Unterschränken gelagert.

Beschnitzter Schrank
Antiquitäten verleihen der Küche ein wohnliches Flair.

Türbreite
Die etwa 60 cm breiten Türen nehmen auch in geöffnetem Zustand nicht übermäßig viel Raum ein.

Platz in der Schublade
Besteck, Tischdecken, Betriebsanleitungen und ausgeschnittene Rezepte finden in dieser geräumigen Schublade Platz.

Staubfreie Lagerung
Auf in Schränken aufbewahrtem Geschirr lagern sich weniger Staub und Küchendämpfe ab.

▽ Offenes Element mit Glasteilen
Dieses Einbausystem bietet beides: Ausstellfläche für dekoratives Porzellan und geschlossenen Stauraum für Gebrauchsgegenstände. Das Element sollte zwischen Koch- und Eßbereich untergebracht werden.

Einzelfächer
Ordnung muß sein: Hier hat jeder dekorative Gegenstand seinen eigenen Platz.

Auszüge
Hinter dem Milchglas muß nicht immer vollkommene Ordnung herrschen.

Schiebetür aus Glas
Ein guter Kompromiß: Auch bei geschlossener Tür ist alles leicht zu finden.

Arbeitsplatten

In einer gut geplanten Küche bestimmen die verschiedenen Tätigkeiten das Material der einzelnen Arbeitsflächen, da keine Oberfläche alle Ansprüche an Kratzfestigkeit, Farbechtheit, Hitzebeständigkeit, Strapazierfähigkeit, Pflegeleichtigkeit und ansprechendem Erscheinungsbild gleichermaßen erfüllt. Bevor man sich entscheidet, sollte man die Vor- und Nachteile der einzelnen Materialien abwägen.

Entscheidungshilfen

■ Die Zone um den Herd sollte in Terrazzo, Granit oder Edelstahl gehalten sein. Alle drei Materialien sind hitzebeständig, strapazierfähig und pflegeleicht. Plant man nicht langfristig in der Wohnung oder dem Haus zu sein, mag diese Lösung zu kostspielig sein.

■ Ablaufbretter sollten aus einem wasserfesten Material sein, das etwas nachgibt, um die Bruchgefahr von Porzellan und Gläsern zu mindern. Es eignen sich Edelstahl, geöltes Hartholz, Colorcore und Corian.

■ Schneiden, Hacken und andere vorbereitende Tätigkeiten sollten auf Holz ausgeführt werden. Kaufen Sie ein paar Bretter in verschiedenen Größen, die man auf jede Oberfläche legen kann, oder setzen Sie ein Stück Furnierholz ein. Früher galt Holz als Brutstätte für Bakterien, doch heute weiß man um die hygienischen Eigenschaften dieses Naturstoffs.

■ Granit und Schiefer eignen sich beide zur Backvorbereitung, da diese Materialien kühl und glatt sind, so daß der Teig nicht festklebt.

■ Geöltes Hartholz kann für Mehrzweckarbeitsplatten verwendet werden, solange es keiner Hitze ausgesetzt ist. Beschädigungen können problemlos ausgebessert werden.

Edelstahl

Das fast vollkommene Material für Arbeitsplatten. Wird in Profiküchen eingesetzt, wo die Funktionalität zählt. Am besten in der gebürsteten Ausführung.

Vorteile
- Nichtrostend und hitzebeständig.
- Pflegeleicht und hygienisch.
- Gebürstetes Edelstahl ist besonders strapazierfähig.

Nachteile
- Auf Hochglanz polierte Oberflächen verkratzen leicht.
- Als Arbeitsplatte sehr laut.
- Kann nur schwer in gebogene Formen gebracht werden.

Granit

Ein Naturstoff, der in zahlreichen Farben und Mustern erhältlich ist. Wird auf die gewünschte Größe zugeschnitten und poliert.

Vorteile
- Natürliche Schönheit bleibt auf Dauer erhalten.
- Ist kratzfest und splittert nicht.
- Hitzebeständig, wasserdicht und unempfindlich gegen Verfärbungen.

Nachteile
- Teuer, da es schwierig ist, diesen harten Stein mit der Maschine zu schneiden.
- Das hohe Gewicht erfordert stabile Unterschränke.
- In dunklen Farben wirkt Granit kalt und abweisend.

Schiefer

Viele Schieferarten sind für die Verwendung in der Küche zu porös. Bei einigen neueren Arten wurde die Porosität durch einen hohen Quarzanteil verringert.

Vorteile
- Die glatte Oberfläche ist kühl und schmeichelt der Hand.
- Bei hohem Quarzanteil relativ strapazierfähig.
- Eine billigere Alternative zu Granit und Marmor.

Nachteile
- Die porösen Arten absorbieren Öl und Flecken.
- Eine abschließende Schicht ist notwendig, um die Porosität zu verringern.
- Farben sind oft stumpf und langweilig.

Terrazzo

Ein weniger bekanntes Material, bei dem Marmor- und Granitsplitter in weißen Zement eingelassen werden, bevor man die Oberfläche poliert.

Vorteile
- In vielen Farben und Mustern erhältlich.
- Die Arbeitsplatten können genau nach Wunsch hergestellt werden.
- Strapazierfähig und wasserdicht.

Nachteile
- Kostspielig und zeitaufwendig in der Montage.
- Nicht so strapazierfähig wie Naturstein.
- An kühnen Mustern sieht man sich mit der Zeit ab.

Lackiertes Hartholz

Die Schönheit des Holzes macht diese Lösung so beliebt. Die Arbeitsplatten werden an Ober- und Unterseite mit einer schützenden Lackschicht versehen.

Vorteile
- In vielen Farben und Maserungen erhältlich.
- Paßt zu den Holzfronten der Einbauten.
- Preisgünstig.

Nachteile
- Verschüttete Flüssigkeit löst den Lack.
- Messerschnitte fügen der Oberfläche dauerhaften Schaden zu.
- Nicht so strapazierfähig wie andere Holzplatten.

Furnierholz

Hier wird Holz schichtweise miteinander verleimt. Es entsteht die ideale Schneideoberfläche.

Vorteile
- Sehr dicht, nützt sich gleichmäßig ab.
- Messerschnitte können dem Furnier nichts anhaben.
- Die Schneide kann bei Kontakt nicht abrutschen.

Nachteile
- Bei Zentralheizungsbetrieb kann sich die Arbeitsplatte verwerfen.
- Absorbiert starke Gerüche, wie Knoblauch.
- Bei Zentralheizungsbetrieb kann das Holz schrumpfen.

Geöltes Holz

Hier werden Massivholzbretter verklebt und mit Leinsamenöl gebürstet, damit das Holz nicht splittert.

Vorteile
- Hitzebeständiger als lackiertes Holz.
- Biegsame schlagfeste Oberfläche.
- Wird durch Abschleifen und Ölen wieder wie neu.

Nachteile
- Bei Zentralheizungsbetrieb kann sich die Arbeitsplatte verwerfen oder rissig werden.
- Hacken hinterläßt tiefe Spuren.
- Manche geölte Harthölzer sind teuer.

Formica Schichtstoff

Ein künstliches Material mit einem Papierkern. Besteht aus dicken Lackschichten, die ein biegsames Material entstehen lassen.

Vorteile
- Große Auswahl an Farben und Mustern.
- Wasserfest und pflegeleicht.
- Einfach und kostengünstig in der Herstellung.

Nachteile
- Schneiden beschädigt die Oberfläche.
- Mit der Zeit leidet der Schichtstoff.
- Schäden an der Arbeitsplatte können nicht ausgebessert werden.

Colorcore

Dieses Material besteht aus verschiedenen Lagen von farbigem Papier, die mit einer festen Schicht aus Melamin-Formaldehyd-Harz umgeben sind.

Vorteile
- Messerspuren können abgeschliffen werden.
- Das Material ist in einer Vielzahl farblicher Abstufungen erhältlich.
- Wasserfest und pflegeleicht.

Nachteile
- Teurer als Formica Schichtstoff.
- Kann sich an den Kanten auflösen.
- Oberfläche reflektiert das Licht nicht.

Corian

Ein synthetisches Harzmaterial, das sich am besten für stark beanspruchte Bereiche eignet. Kann verwendet werden, um die Spüle fugenlos in die Arbeitsplatte zu integrieren.

Vorteile
- Abgerundete Kanten eignen sich für kleine Kinder.
- Fugen zwischen den Abschnitten nicht sichtbar.
- Spüle und Arbeitsplatte können aus einem Stück hergestellt werden.

Nachteile
- Ohne professionelle Hilfe schwierig in der Montage.
- Helle Farben vergilben im Laufe der Zeit.
- Unter Umständen ebenso kostspielig wie Granit.

Fronten

Sobald man sich für die Art der Schränke in der neuen Küche entschieden hat, gilt es die Fronten auszuwählen, die mehr als nur ein dekoratives Detail darstellen. Die Wahl des Materials hat beträchtlichen Einfluß auf die Atmosphäre des Raums. Man darf nicht vergessen, daß sich unterschiedliche Oberflächen auf die Lichtqualität auswirken. Hochglanzflächen reflektieren das Licht und können blenden, was sehr störend ist. Matte Oberflächen schonen die Augen und streuen das Licht. Elemente in blassen Farben sowie Glasschränke erhellen dunkle Küchen, während dunkle Holz- und Synthetikflächen das Licht schlucken.

Kombination verschiedener Fronten
Dieses kühne Design profitiert von dem Gegensatz zwischen Kirschholz und glatten dunkelblauen Lackflächen.

Entscheidungshilfen

■ Ist der Küchenplan abgeschlossen, wählt man die Fronten für die Schränke sowie Wand- und Bodenbelag, Beleuchtung und Arbeitsplatten im Rahmen der innenarchitektonischen Gestaltung gleichzeitig aus.

■ Es ist wichtig, ein Gleichgewicht zwischen verschiedenen Farben und Materialien herzustellen. Man sollte vermeiden, daß eine bestimmte Gestaltungsform den Raum beherrscht; dies gilt besonders für stark glänzende Polyesterfronten sowie leuchtende Lackfarben. Solch auffallende Elemente sollten lediglich Akzente in einem Ambiente setzen, in dem natürliche Materialien, wie Holz, vorherrschen.

■ Überlegen Sie, ob die Kombination verschiedener Schrankfronten, mit deren Hilfe man die Schlüsselbereiche im Raum voneinander abgrenzt, die Gestaltung bereichert.

■ Erstellen Sie eine Liste Ihrer Lieblingsfronten. Kalkulieren Sie die Kosten jeder Front, um festzustellen, welche im Rahmen Ihres Budgets liegen. Man kann Geld sparen, indem man teures Material nur in einigen Schlüsselbereichen einsetzt und mit kostengünstigeren Elementen kombiniert.

■ Wählen Sie für die Schränke in stark beanspruchten Bereichen strapazierfähiges Material. Wenn die Küche stark frequentiert ist und bei Familien mit Kindern müssen die Unterschränke besonders haltbar sein.

■ Kann man sich keine neuen Küchenschränke leisten oder will die Anschaffung auf später verschieben, verleiht man den alten Elementen neuen Pfiff, indem man die Schranktüren streicht und hübsche Griffe anbringt.

Glas

Glasschränke eignen sich für kleine Küchen, da sie den Raum auflockern und hübsches Geschirr zur Geltung bringen.

Vorteile

- Die Oberfläche kann problemlos mit einem weichen Tuch gereinigt werden.
- Der Schrankinhalt ist von außen sichtbar.
- Glas reflektiert das Licht und erhellt so den Raum.

Nachteile

- Fett und Schmutz sind auf Glas deutlich sichtbar.
- Nur hübsche Gegenstände können hier aufbewahrt werden.
- Nicht schlagfest; zerbrechlich.

Edelstahl

Edelstahl bildet eine haltbare Metallfläche, die weder anläuft noch rostet und sich für den Spül- und Kochbereich eignet.

Vorteile

- Die schön glänzende Oberfläche reflektiert das Licht.
- Bildet einen interessanten Kontrast zu Holz und bemalten Oberflächen.
- Paßt zu Edelstahlgeräten.

Nachteile

- Finger- und Wasserspuren sind deutlich sichtbar.
- Verkratzt leicht, vor allem bei polierten Ausführungen.
- Zuviel Edelstahl wirkt steril.

Holzfurnier

Qualitativ hochwertiges Holz wird oft in Furniere aufgespalten. Für Holzfreunde ist Furnier bestens geeignet.

Vorteile
- Farbe und Maserung sind unaufdringlich.
- Die Maserung ist schöner als bei Massivholz.
- Im Gegensatz zu Massivholz wirft sich Furnier nicht.

Nachteile
- Bei eindringender Feuchtigkeit kann sich das Furnier lösen.
- Einheitliche Maserung und Farben können monoton wirken.
- Qualitativ hochwertiges Furnier ist teuer.

Handgestrichenes Holz

Ein interessanter Gegensatz zu glatten, synthetischen Oberflächen. Künstlich gealterte Elemente verleihen dem Raum zusätzlichen Reiz.

Vorteile
- Die Farbe kann genau auf das Gestaltungsmotiv abgestimmt werden.
- Beschädigungen werden einfach überstrichen.
- Unterschiedliche Oberflächen sind reizvoll.

Nachteile
- Mehrere Anstriche sind notwendig, um ausreichend Schutz zu bieten.
- Weniger haltbar als andere Schrankfronten.
- Brauchen regelmäßig einen neuen Anstrich.

Feinmaschiges Drahtgeflecht

Eine ungewöhnliche Schrankfront, die rein dekorativen Charakter zu haben scheint. Doch sind die gelagerten Gegenstände gut belüftet und vor Staub geschützt.

Vorteile
- Feinmaschiges Drahtgeflecht läßt die Luft im Schrankinnern zirkulieren.
- Dekorative Lösung im ländlichen Stil.
- Kostengünstig; kann ohne fachmännische Hilfe installiert werden.

Nachteile
- Der Stoff verstaubt und wird unhygienisch.
- Eignet sich nur für den ländlichen Küchenstil.
- Feinmaschiges Drahtgeflecht dehnt und verzieht sich.

Polyester

Nur von wenigen Herstellern erhältlich. Der Schrank wird mit einer dicken Schicht Kunstharz besprüht, so daß eine stark glänzende Fläche entsteht.

Vorteile
- Ergibt glatte Hochglanzfronten.
- Die Oberfläche ist strapazierfähig und pflegeleicht.
- In zahlreichen kräftigen Farben erhältlich.

Nachteile
- Auf der Hochglanzfläche sind Fingerspuren deutlich zu sehen.
- Teurer als synthetische Fronten.
- Hochglanzflächen blenden die Augen.

Schichtstoff

Ein kostengünstiger Kunststoff aus Melamin, der einfach auf das Schrankpaneel aufgeklebt wird.

Vorteile
- Unbegrenzte Auswahl an Farben und Mustern.
- Kostengünstiger als andere synthetische Fronten.
- Schlagfest.

Nachteile
- Kratzer können nicht ausgebessert werden.
- Reflektiert Licht nur unzureichend und wirkt künstlich.
- Kann sich bei Feuchtigkeit an den Ecken ablösen.

Besprühte Lackflächen

Ein Klarlack wird auf die Außenseite eines gebeizten oder gestrichenen Schranks aufgesprüht, um einen Schutzfilm zu bilden.

Vorteile
- Strapazierfähiger Schutzanstrich.
- Pflegeleicht.
- Billiger als Polyester.

Nachteile
- Kann nicht vor Ort repariert werden.
- Anstrich wirkt bisweilen platt und stumpf.
- Teurer als Schichtstoff.

Wandgestaltung

Die Auswahl der geeigneten Wandgestaltung in der Küche ist nicht nur eine Frage des Geschmacks oder Stils. Die Küche ist der am stärksten beanspruchte Raum im ganzen Haus. Hitze und Feuchtigkeit stellen auch an die Wand besondere Anforderungen. Den größten Belastungen ausgesetzt sind die Bereiche hinter Spülenschrank, Herd und Ofen sowie die Vorbereitungszone. Spritzer ruinieren Tapete oder Farbe; aus diesem Grund sollte ein abwaschbares Material Schutz bieten. Schenkt man diesen Details Beachtung, entsteht eine Küche, die Charme mit Funktionalität vereint.

Wandschutz
Der Ofen steht in einem gefliesten Alkoven, der sich leicht reinigen läßt.

Entscheidungshilfen

■ Nach der Wahl der Arbeitsplatten und Schränke macht man sich Gedanken über die Wandgestaltung. Die Wände sollten entweder zu den Fronten passen oder einen Gegensatz bilden. Besondere Aufmerksamkeit gilt dem Wandbereich zwischen Arbeitsplatte und Oberschränken.

■ Wählen Sie einen Spritzschutz, der in Kontrast zum vorherrschenden Material steht. Zu Holzschränken eignet sich etwa ein Spritzschutz aus dunklem Granit.

■ Der Spritzschutz hinter dem Ofen muß hitzebeständig sein. Es empfehlen sich Edelstahl, Keramikfliesen oder Naturstein.

■ Für den Wandanstrich eignen sich Öl- und Firnisfarben. Sie sind strapazierfähig und abwaschbar. Emulsionen sind nicht wasserfest und sollten, vor allem bei mangelnder Belüftung, vermieden werden.

■ Hat die Küche einen hohen Anteil an Kunststoffflächen, bilden natürliche Materialien, wie Holzpaneele, einen wohltuenden Ausgleich.

■ Schaut der Raum nach Norden oder hat eine niedrige Decke, sollte man die Wände in hellen Farben halten, um das natürliche Licht zu reflektieren und die Küche geräumiger wirken zu lassen. Ein Spritzschutz aus geätztem Glas reflektiert das Licht auf den Arbeitsplatten.

Küchenwände

Verputzte Wände

Früher diente der Putz lediglich als Untergrund. Heute wird er in grober, glatter oder farblich abgetönter Form gerne zur Wandgestaltung eingesetzt.

Vorteile
- Macht Unebenheiten zu einem gestalterischen Element.
- Eine haltbare und kostengünstige Methode.
- Verleiht dem Raum zusätzlichen Reiz.

Nachteile
- Rauhverputz verstaubt und ist schwer zu reinigen.
- Kann bei schlechter Ausführung künstlich wirken.
- Erfordert oberhalb der Arbeitsfläche einen Spritzschutz.

Spritzschutz

Dekoratives Glas

Wird die Küche selten benutzt, eignet sich wasserdichtes und feuerfestes Glas als Spritzschutz.

Vorteile
- Im Spül- und Kochbereich geeignet.
- Leicht zu reinigen.
- Reflektiert das Licht und verleiht eine dekorative Note.

Nachteile
- Schwierig in Anlieferung und Installation.
- Kann beim Aufprall eines harten Gegenstands zerspringen.
- Teuer, da das Glas mit Hilfe einer Schablone nach Maß zugeschnitten werden muß.

Ölfarbe

Die vielseitigste Methode der Wandgestaltung. Am besten sind strapazierfähige Ölfarben, wie Eierschalenfarbe und Firnis.

Vorteile
- In zahlreichen langlebigen Farben erhältlich.
- Wände lassen sich mit einem Schwamm reinigen.
- Teilbereiche können einfach ausgebessert werden.

Nachteile
- Als Spritzschutz nicht strapazierfähig genug.
- Firnisfarben zeigen Unebenheiten in der Wand auf.
- Bei gestrichenen Wänden blättert zuweilen die Farbe ab, oder es bildet sich Schimmel.

Abwaschbare Tapete

Mit Plastik bezogene, abwaschbare Tapeten sind praktisch, vor allem wenn kleine Kinder im Haushalt leben. Die Auswahl an Farben ist allerdings beschränkt.

Vorteile
- Die wasserdichte Plastikoberfläche läßt sich leicht säubern.
- Kann nach Montage der Schränke angebracht werden.
- Kostengünstig; verbirgt Unebenheiten im Verputz.

Nachteile
- Dampf kann zum Ablösen der Tapete führen.
- Der Plastikglanz auf der Oberfläche wirkt künstlich.
- Beschädigte Stellen sind nicht auszubessern.

Holzpaneele

Gestrichene Holzpaneele verbergen Unebenheiten in Wand sowie Decke und wirken wärme- wie auch schalldämmend.

Vorteile
- Können ohne fachmännische Hilfe angebracht werden.
- Verbergen Unebenheiten in Wand und Verputz.
- Schlucken Küchenlärm.

Nachteile
- Paneele in guter Qualität sind nicht immer erhältlich.
- Ungeeignet für Spül- und Kochbereich.
- Der traditionelle Stil paßt nicht in jede Küche.

Industriell hergestellte Fliesen

Sie sind kostengünstiger als handgemachte Kacheln und eignen sich für große Wandflächen, wie etwa hinter Herd oder Spüle.

Vorteile
- Pflegeleichte glatte Oberfläche mit schmalen Fugen.
- Auf Grund der Hitzebeständigkeit für den Kochbereich geeignet.
- Großflächig wirken helle Fliesen unaufdringlich.

Nachteile
- Gleichmäßige Form und Oberfläche wirken langweilig.
- Kann von der Atmosphäre des Raums ablenken.
- Fliesen in dunkleren Farben sind häufig weniger strapazierfähig.

Handgearbeitete Kacheln

Diese strapazierfähigen Kacheln sind in vielen Farben und Formen erhältlich und wirken sehr dekorativ.

Vorteile
- Handgemachte Kacheln verleihen dem Raum eine besondere Note.
- In vielen Farben, Formen und Größen erhältlich.
- Strapazierfähig und wasserfest.

Nachteile
- Die ungleichmäßige Form der Kacheln erfordert breitere Fugen.
- Die Fugen verstauben und sind schwer zu reinigen.
- An gemusterten Fliesen sieht man sich leicht ab.

Granit

Dieses Küchenmaterial wird oft als Spritzschutz über Arbeitsplatten aus Granit verwendet. Eignet sich am besten für kleine Bereiche.

Vorteile
- Strapazierfähig und pflegeleicht.
- Auf Grund der geringen Verfugung leicht zu reinigen.
- Paßt zu einer Arbeitsplatte aus Granit.

Nachteile
- Sein dunkles, kaltes Erscheinungsbild macht Granit für große Flächen ungeeignet.
- Im Bereich von Steckdosen schwierig anzubringen.
- Teuer; muß in der Werkstatt nach einer Schablone zugeschnitten werden.

Bodenbeläge

Die Wahl des geeigneten Materials für einen neuen Küchenboden muß gründlich erwogen werden. Man begibt sich hier auf eine Gratwanderung zwischen Strapazierfähigkeit, Hygiene, Ästhetik und Budget. Holzböden sind warm, leicht zu reinigen und preiswert. Doch können Lebenserwartung und Wasserfestigkeit im Spülenbereich ein Problem darstellen. Kalkstein und Schiefer sind strapazierfähig, aber kalt und unnachgiebig. Moderne Materialien, wie Vinyl, sind ebenfalls ansprechend, doch nicht so langlebig wie natürliche Materialien. Sie haben aber den Vorteil, daß sie kostengünstig und leicht austauschbar sind.

Lackierter Holzboden
Ein Fichtenboden ist kostengünstig und paßt zu dieser schlichten gestrichenen Holzküche.

Holz

Warme Farbe, Maserung und Nachgiebigkeit machen Naturholz so beliebt. Eine gute Versiegelung ist hier unabdingbar.

Vorteile
- Kostengünstig und einfach zu verlegen.
- Porzellan, das auf den Holzboden fällt, zerbricht nicht so schnell.
- Paßt zu Holzschränken und Arbeitsplatten.

Nachteile
- Kaum ein Schutzanstrich hält auf Dauer, vor allem in Feuchtzonen.
- Übermäßig viel Holz im Raum wirkt bedrückend.
- Erfordert regelmäßige Pflege.

Fliesen aus Kalkstein

Auf Grund seiner Beliebtheit ist dieser Naturstein überall erhältlich. Man sollte möglichst wenig porösen Kalkstein wählen.

Vorteile
- In vielen Farben, Formen und Mustern erhältlich.
- Bei richtiger Versiegelung haltbar und pflegeleicht.
- Hitze-, wasser- und lösungsmittelbeständig.

Nachteile
- Manche poröse Arten müssen mehrfach versiegelt werden.
- Die harte Oberfläche ist kalt und laut.
- Bei hellen Farben sticht Schmutz ins Auge.

Entscheidungshilfen

■ Berücksichtigen Sie bei der Wahl des Bodenbelags die Materialien für Schrankfronten, Arbeitsplatten, Geräte sowie Polster- und Stoffelemente. Auf diese Weise wird sichergestellt, daß sich alle Bestandteile der Küche gegenseitig ergänzen.

■ Werfen Sie auch einen Blick in den Flur und angrenzende Räume. In einem kleinen Haus wirkt der häufige Wechsel von Fronten und Belägen unruhig.

■ Vergessen Sie neben dem Materialpreis nicht die Kosten für das Verlegen des Bodens. Alle Böden, außer Vinyl und Linoleum, müssen vor der Montage der Schränke und Geräte verlegt werden. Schützen Sie einen neuen Boden während der Einbauarbeiten.

■ Die Wahl des Materials hängt auch davon ab, wieviel Arbeit Sie regelmäßig auf die Bodenpflege verwenden wollen. Manche Materialien, wie Holz, brauchen mehr Pflege, vor allem im Spülbereich, wo Wasser den Lack schädigt.

■ Erwägen Sie, ob die Küche genügend Raum für zwei verschiedene Beläge bietet. Im zentralen Kochbereich kann man Kalkstein verlegen, während man den Eßbereich mit einem Holzboden gestaltet.

■ Wenn man sich für einen Fliesenboden entscheidet, muß man daran denken, daß große Räume große, schlichte Fliesen brauchen. Kleine, gemusterte Fliesen wirken zu hektisch. Steinböden und große Terrakottafliesen eignen sich für eine geräumige Wohnküche.

Glasierte Keramikfliesen

Der strapazierfähigste Bodenbelag; völlig wasserabweisend. Glasierte Keramikfliesen müssen nicht mehr versiegelt werden.

Vorteile
- Pflegeleicht und nahezu unverwüstlich.
- Da Massenware, leicht erhältlich und preiswert.
- Große Auswahl in kühnen Farben.

Nachteile
- Fühlt sich hart an und ist bei Nässe rutschig.
- Die Fugen sind schwer zu reinigen.
- Kräftige Farben können überwältigend wirken.

Terrakottafliesen

Neue und wiederverwertbare Terrakottafliesen sind im Handel erhältlich. Im Laufe der Zeit entwickeln neue Fliesen eine ebenso schöne Patina wie alte.

Vorteile
- Lehm ist wärmer als Stein.
- In vielen Farben, Formen und Strukturen erhältlich.
- Versiegelte Fliesen sind wasserfest und fleckenabweisend.

Nachteile
- Unversiegelte Fliesen sind porös, Fleckengefahr.
- Es ist schwierig, passende alte Fliesen in ausreichender Menge zu finden.
- Qualitativ hochwertige Fliesen sind teuer.

Schiefer

Wegen seiner natürlichen Farbvariationen, von Grau über Grün zu Lila, sehr beliebt. Schiefer wird maschinell in Platten- oder Fliesenform zugeschnitten.

Vorteile
- In vielen Farben und Größen erhältlich.
- Wahl zwischen glatten und rauhen Oberflächen.
- Langlebig und wasserabweisend.

Nachteile
- Große Stücke sind brüchig und splittern leicht.
- Hart und kalt.
- Große Schieferplatten sind teuer.

Korkfliesen

Dieser Bodenbelag wird durch das Verdichten von Kork hergestellt. Er ist preisgünstig, doch verglichen mit anderen natürlichen Materialien etwas langweilig.

Vorteile
- Warm, weich und äußerst leise.
- Kostengünstig und leicht selbst zu verlegen.
- Versiegelter Kork ist fleckenabweisend.

Nachteile
- Farbe, Struktur und Muster sind eintönig.
- Die Fliesen werden nur verklebt und lösen sich leicht.
- Durch Wasser beschädigte Fliesen müssen ersetzt werden.

Vinyl

Ein billiger, biegsamer Kunststoff, der in Platten- oder Fliesenform hergestellt wird. In vielen Farben und Mustern erhältlich.

Vorteile
- Weich, leise und rutschfest.
- Kostengünstig und auf ebenem Untergrund leicht zu verlegen.
- Strapazierfähig und wasserfest.

Nachteile
- Verfärbt sich im Laufe der Zeit.
- Reflektiert kaum Licht und wirkt künstlich.
- Bei Verlegung auf unebenem Untergrund können sich Falten bilden.

Linoleum

Wird aus Naturstoffen, wie Leinsamenöl, hergestellt. Linoleum wird in Platten verkauft. Bei komplizierten Mustern Zuschnitt von Hand.

Vorteile
- Leise, warme, federnde Oberfläche.
- Wird aus reinen Naturstoffen hergestellt.
- Haltbar und pflegeleicht.

Nachteile
- Teurer als Vinyl; muß vom Fachmann verlegt werden.
- Wasser kann unter nicht versiegelte Kanten eindringen.
- Muß regelmäßig poliert werden; sonst schnelle Abnutzung und Verfärbung.

Beleuchtung

Ein durchdachtes Beleuchtungssystem trägt wesentlich zur Schaffung eines angenehmen Umfelds zum Kochen und Essen bei. Die elektrischen Installationen müssen vor der Montage von Schränken und Geräten erfolgen. Aus diesem Grund muß man sich bereits früh entscheiden, wo gezielte Arbeitsleuchten und atmosphärische Raumbeleuchtung ihren Platz haben sollen. Die genaue Lage der Stromauslässe ist ebenfalls von Bedeutung. Wird die Beleuchtung zu weit hinter den Wandelementen installiert, steht man immer vor der Lichtquelle und arbeitet im Schatten des eigenen Körpers.

Mehrzweckbeleuchtungssystem
Lichtleisten verbinden Küche und Eßbereich. An der Unterseite der Hängeschränke angebrachte Lichtquellen erhellen die Arbeitsplatte.

Entscheidungshilfen

■ Niederspannungsleuchten haben zwei wesentliche Vorteile. Sie verbrauchen 30 % weniger Strom als gewöhnliche Glühbirnen und sind wesentlich kleiner. Doch um mit der Spannung der Hauptleitungen kompatibel zu sein, benötigen sie einen Trafo. Manche Niederspannungsleuchten haben eingebaute Trafos, während andere einen separaten Trafo brauchen, für den man einen Platz finden muß. Es empfiehlt sich, den Rat eines Fachmanns einzuholen.

■ Prüfen Sie, aus welchem Material Ihre Decke hergestellt ist, da unter Putz gesetzte Strahler nicht nachträglich in eine Betondecke eingebaut werden können. Dieses Problem kann nur durch das Einziehen einer Zwischendecke aus Gipskarton gelöst werden. Bei Fragen hilft der Fachmann.

■ In einer kleinen Küche braucht man mindestens zwei Stromkreise, einen für die Arbeitsbeleuchtung und einen zweiten für die allgemeine Raumbeleuchtung. In einem großen Raum können bis zu fünf Stromkreise erforderlich sein: ein oder zwei für die Arbeitsplatten, die Schrankvorderseiten und den Tisch; ein Kreislauf für die Deckenstrahler; einer für den Eßbereich sowie ein zusätzlicher Stromkreis zur Beleuchtung weniger wichtiger Bereiche.

■ Fragen Sie einen Elektriker, ob der Sicherungskasten für Ihre Beleuchtungszwecke ausreicht, ob die Stromkreise noch weitere Räume einschließen, und ob die Beleuchtung mit anderen Elektrogeräten zusammengeschlossen werden kann. Bitten Sie um einen Kostenvoranschlag für Ihre Kalkulation.

Arbeitsleuchten

Deckenstrahler

Niederspannungsstrahler sind diskret. Man plaziert sie im Abstand von 1 m voneinander und 30 cm von der Wand entfernt, um Schatten zu vermeiden.

Vorteile
- Starke, gezielte Strahler erhellen die Arbeitsfläche.
- In die Decke eingelassene Strahler sind geschützt.
- Aus weiterer Entfernung blenden die Strahler nicht.

Nachteile
- Wandschränke können die Lichtquelle verschatten.
- Es ist schwierig, den Lichteinfallswinkel zu verändern.
- Bei manchen Fassungen ist es kompliziert, die Birne zu wechseln.

Atmosphärische Beleuchtung

Stehlampe

Diese freistehende Lampe ist für Eß- und Wohnbereiche in größeren Küchen geplant und wird mit einem Dimmer reguliert.

Vorteile
- Flexibel; Standort kann beliebig wechseln.
- Verbessert die Lichtsituation in dunklen Ecken.
- Das Licht scheint nie direkt in die Augen.

Nachteile
- Muß in der Nähe einer Steckdose stehen.
- Eignet sich nicht für kleine Räume, da sie zuviel Platz einnimmt.
- Entfernt man sich von der Lampe, ist das Licht kalt und schwach.

Licht unter dem Hängeschrank

Hinter der Schrankleiste versteckt, beleuchtet eine Neonröhre dunkle Bereiche unter Wandschränken.

Vorteile
- Beleuchtet anderenfalls dunkle Bereiche auf der Arbeitsplatte.
- Billiger zu installieren als Halogenstrahler.
- Beseitigt das Problem, daß man im eigenen Schatten arbeitet.

Nachteile
- Neonröhren schaffen ein kaltes, steriles Licht.
- Nach einiger Zeit fangen die Röhren an zu brummen.
- Die Helligkeit zieht den Blick auf die Arbeitsplatte.

Lichtleisten

An Wand und Decke installierte Lichtleisten bieten flexible Beleuchtung. Doch Achtung: Die Lampen werden heiß.

Vorteile
- Preisgünstig und leicht zu installieren.
- Flexibel, die Strahler lassen sich beliebig ausrichten.
- Können an Wand und Decke plaziert werden.

Nachteile
- Produzieren beträchtliche Wärme und brennen bei Berührung durch.
- Freiliegende Lampen sind schwierig zu reinigen.
- Verursachen Augenbrennen, wenn man zu lange in die Lichtquelle starrt.

Klemmleuchten

Eine provisorische Lösung für unerwartete Erfordernisse. Der Lichtstrahl ist beschränkt, und die Kabel sind häufig im Weg.

Vorteile
- Billig in der Anschaffung, keine Installationskosten.
- Die Arbeitsleuchte kann beliebig ausgerichtet werden.
- Häufig einfache Fassungen mit interessantem Design.

Nachteile
- Kabel sind bei anderen Tätigkeiten im Weg.
- Belegen Steckdosen, die für Elektrogeräte gebraucht werden.
- Müssen an einer geeigneten Stelle festgeklemmt werden.

Wandleuchten

Sie eignen sich für hohe Räume. 30–60 cm unterhalb der Decke angebracht, schaffen sie eine angenehme Beleuchtung.

Vorteile
- Billig zu installieren, da die gleiche Spannung wie bei den Hauptleitungen benutzt wird.
- Füllen leerstehende Wandflächen in Deckennähe.
- Schaffen eine freundliche Beleuchtung im Eßbereich.

Nachteile
- Eignen sich nur als zusätzliche Lichtquelle.
- Für niedrige Räume ungeeignet.
- Benötigen oft Glühbirnen mit hoher Wattzahl, die über Dimmer reguliert werden.

Hängelampe

Die Hängelampe über dem Eßtisch schafft eine besondere Beleuchtungssituation für zwanglose Mahlzeiten.

Vorteile
- Es entsteht ein klar definierter Eßbereich.
- Bei den Mahlzeiten können alle anderen Lampen abgeschaltet werden.
- Der Raum wirkt niedriger und intimer.

Nachteile
- Die Tischposition in der Küche ist unveränderlich.
- Beim Hinsetzen läuft man Gefahr, sich den Kopf anzuschlagen.
- Eignet sich für runde und rechteckige Tische.

Kerzenlicht

Falls kein separater Eßbereich zur Verfügung steht, machen Kerzen ein in der Küche eingenommenes Essen zu einem Festmahl.

Vorteile
- Macht die kühle Atmosphäre der Küche gemütlicher.
- Das Essen in der Küche wird zum Ereignis.
- Nicht aufgeräumte Arbeitsflächen und Kochbereiche verschwinden im Dunkeln.

Nachteile
- Erschwert den Gang zum Herd während des Essens.
- Man benötigt mehrere Kerzen, um ausreichend sehen zu können.
- Kerzenrauch kann einen Rauchalarm auslösen.

RAUMPLANUNG

Planung einer kleinen Küche

Bei einem kleinen Raum muß man sich auf die grundlegenden Erfordernisse konzentrieren und Koch-, Spül- und Vorbereitungszonen definieren. Stellen Sie fest, welche Mindestgröße der Arbeitsbereich haben muß, damit Sie sich ungehindert bewegen können, und ordnen Sie die übrigen Küchenzonen um diesen Kern herum an. Nutzen Sie den gesamten Raum vom Boden zur Decke, und wählen Sie haltbare, vielseitige Fronten.

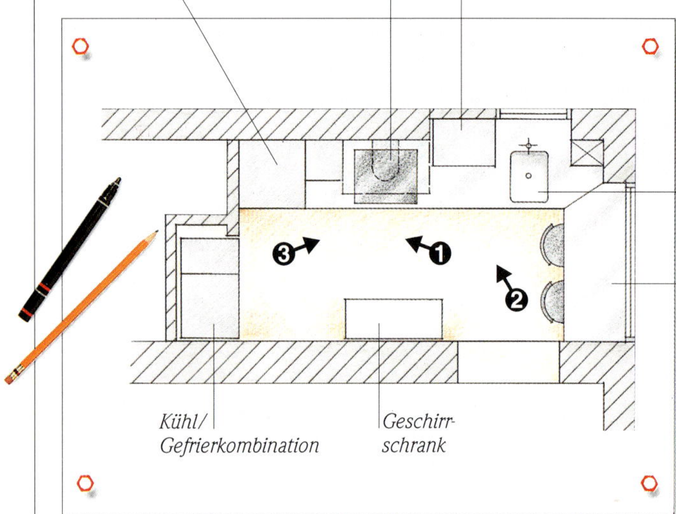

Abmessungen im Rauminneren:
1,9 m breit
4,4 m lang

△ **Draufsicht**
Spül- und Eßbereich genießen das beste natürliche Licht und den Blick aus dem Fenster. Der Herd liegt an einer Außenwand, so daß für gute Entlüftung gesorgt ist. Die anderen Küchengeräte sind in Schränken untergebracht, um nicht im Weg zu sein.

Gestalterische Aspekte

- In einem kleinen Raum liegen die verschiedenen Arbeitsbereiche zwangsläufig nahe nebeneinander. Man muß sicherstellen, daß trotzdem ausreichend Bewegungsfreiheit besteht.
- Geräte in Augenhöhe sollten in Hochschränken an einem Ende der Küche untergebracht werden. Der übrige Raum sollte möglichst offen gestaltet werden, um eine geräumigere Wirkung zu erzielen.
- Arbeitsplatten sollten für die Ausführung verschiedener Tätigkeiten geeignet sein. In dieser Küche wird die Frühstückstheke auch zur Vorbereitung von Mahlzeiten verwendet.
- Einige Geräte haben Umkehrscharniere. Manches Platzproblem kann durch Türen, die sich in der entgegengesetzten Richtung öffnen lassen, gelöst werden.

◁ ❶ **Zusätzlicher Raum**
Der Halogenherd schließt bündig mit der Arbeitsplatte ab und kann, wenn er nicht in Betrieb ist, auch als Vorbereitungszone dienen. Ein Einzelschrank, eine schlanke Esse und Arbeitsleuchten schaffen einen hellen und luftigen Bereich.

Esse
Diese schlanke Esse saugt Küchengerüche und Dampf ab, die in einer kleinen Küche häufig ein Problem darstellen.

❷ Haltbare Fronten ▷
Auf Grund seiner Hitze- und Wasserbeständigkeit wird Edelstahl auf den horizontalen Flächen verwendet. Die Fronten der Unterschränke bestehen aus Melamin, dessen Schlagfestigkeit in einer kleinen Küche von Vorteil ist.

Gerätefach
Dieser Stauraum nutzt die gesamte Tiefe der Arbeitsfläche; im hinteren Teil werden Geräte verstaut und nach Bedarf herausgezogen.

Fensterblick
Beim Spülen kann man aus dem Fenster blicken, was diese lästige Pflicht erheblich reizvoller macht.

Mikrowelle in Augenhöhe
Die Mikrowelle wird gut zugänglich in einem Oberschrank installiert; die Arbeitsflächen bleiben frei.

Spüle mit einem Becken
Eine kleine Spüle spart wertvollen Platz auf der Arbeitsfläche. Hier säubert man Lebensmittel und reinigt Geschirr, bevor man es in den darunterliegenden Geschirrspüler räumt.

Detailinformationen

Gerätefach *siehe S. 24*

Halogenofen *siehe S. 28*

Doppelherd in Augenhöhe *siehe S. 31*

Eßtheke *siehe S. 32*

Arbeitsplatten aus Edelstahl *siehe S. 38*

Eßbereich
Eine großzügige Theke bildet einen hübschen Eßplatz und dient gleichzeitig als Abstellfläche für Einkaufstüten und schmutziges Geschirr.

Holzboden
Ein Buchenholzboden verleiht dem Raum Wärme und bildet ein Gegengewicht zu den harten, eher sterilen Oberflächen der Küche.

❸ Tageslicht ▷
Edelstahl reflektiert das Licht. Diese Eigenschaft sowie der offene Bereich unter der Arbeitsplatte und große Fenster machen dieses Ende der Küche hell und luftig.

GESTALTUNGSMÖGLICHKEITEN

△ Maximale Raumnutzung
Eine maßangefertigte Küche kann sehr praktisch sein, da die Einrichtung perfekt auf den Raum abgestimmt wird. Hier sind die wichtigsten Geräte in einem Hochschrank untergebracht, während der Bereich unterhalb des Herds frei bleibt, um einen geräumigen Eindruck zu vermitteln.

Die Form folgt der Funktion ▷
Diese Küchenzeile wurde klar und logisch aufgebaut; die Spüle liegt zwischen Herd und Vorbereitungsbereich. Ober- und unterhalb der Arbeitsplatte bieten geschmackvolle Schränke offenen und geschlossenen Stauraum.

◁ Fensterlose Küchen
In dieser winzigen fensterlosen Küche wurde der verfügbare Raum vom Boden bis zur Decke genutzt. Helle Arbeitsleuchten und eine Palette einfacher Materialien, kühler Farben sowie offener Regale bilden einen ruhigen, geordneten Küchenbereich.

Kreisrund ▷
Die runde Küche paßt bestens in diesen Raum mit 2,9 m Durchmesser. Die zentrale Anordnung der Arbeitsbereiche mit dem Koch in der Mitte sorgt für kurze Wege.

PLANUNG EINER FREISTEHENDEN KÜCHE

Im Gegensatz zu Einbauküchen, wo die Standardelemente entlang der Wände montiert werden, können die einzelnen Elemente einer freistehenden Küche nach Belieben angeordnet werden. Hier beanspruchen handgearbeitete Stücke einen angemessenen Platz. Wenngleich es sich bei der Spüle strenggenommen um ein Einbauelement handelt, besteht die Küche aus Einzelteilen mit separaten Aufgaben, die zusammen eine harmonische Einheit bilden.

△ ❶ **Kurze Wege**
Koch- und Vorbereitungsbereich sind getrennt und doch nur zwei Schritte voneinander entfernt.

Kredenz
Der geschmackvolle Schrank steht auf einer Plattform. Hinter seinen Türen verbirgt sich eine Kühl/Gefrierkombination.

Herd
Der fünftürige Herd steht in einem separaten, gefliesten Alkoven und bildet das Kochzentrum.

Anrichte
Die Anrichte mit ihren offenen Regalen nimmt eine Wand im Eßbereich ein. Darunter befinden sich geschlossene Schränke und Schubladen.

Gestalterische Aspekte

■ Planen Sie Arbeits- und Staubereich als zwei getrennte Einheiten. Beziehen Sie das Mobiliar aus verschiedenen Quellen, und profitieren Sie von den unterschiedlichen Formen, Höhen, Farben und Fronten der einzelnen Stücke.

■ Bestehende architektonische Eigenheiten, wie Kamine und Alkoven, sollten beibehalten oder freigelegt werden, um dem Raum eine persönliche Note zu verleihen.

■ Die einzelnen Möbelstücke sollten, wo immer möglich, alleine stehen, um die Zugänglichkeit der wesentlichen Elemente sicherzustellen. Koch- und Vorbereitungsbereich sollten den Mittelpunkt des Raums bilden.

Bücherschrank *Spüle und Tellerbord* *Vorratsschrank*

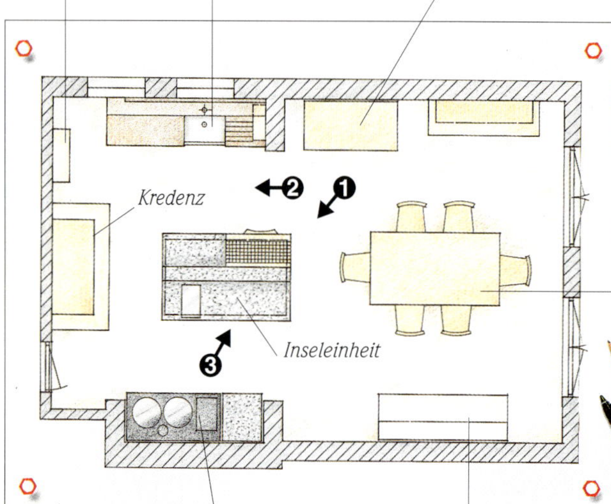

Eßbereich

Herd *Handgearbeitete Anrichte*

Abmessungen im Rauminneren:
5,2 m breit
8 m lang

◁ **Draufsicht**
Küchenmöbel füllen den Raum, anstatt entlang der Wand angeordnet zu sein. Die Elemente sind durch keine Arbeitsplatte verbunden, sondern stehen frei und sind so von mehreren Seiten aus zugänglich.

Bücherregale
Das Bücherregal ist an der Wand befestigt. Darunter befindet sich ein Weinregal. Auf diese Weise wird die Ecke ausgenützt, ohne den Raum zu überladen.

❷ Gegensätzliche Elemente ▷
Kredenz und Bücherregal stehen Seite an Seite. Doch die Unterschiede in Höhe, Stil und Ausführung betonen die verschiedenen Funktionen dieser Möbelstücke und geben dem Raum eine wohnliche, gemütliche Note.

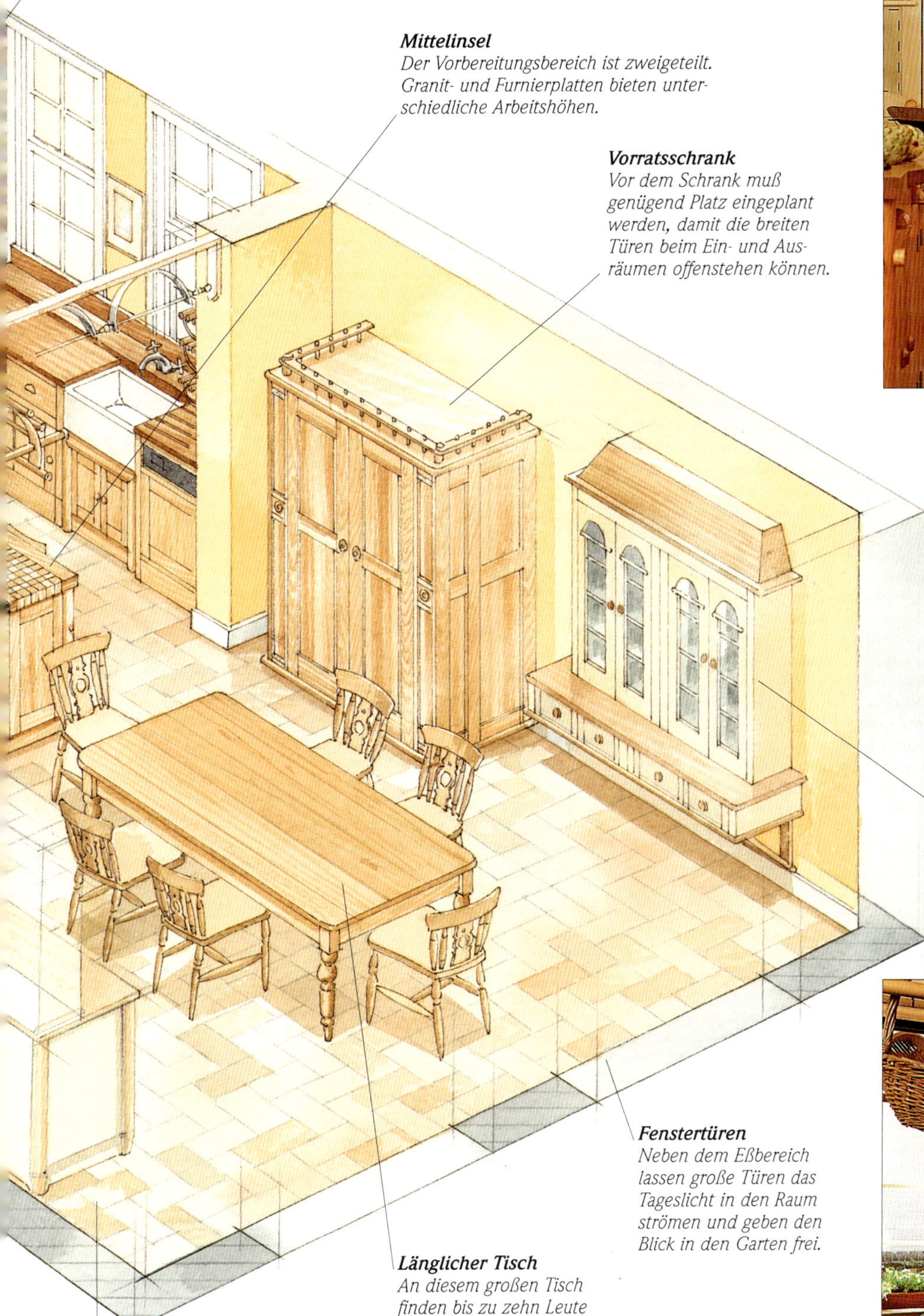

Mittelinsel
Der Vorbereitungsbereich ist zweigeteilt. Granit- und Furnierplatten bieten unterschiedliche Arbeitshöhen.

Vorratsschrank
Vor dem Schrank muß genügend Platz eingeplant werden, damit die breiten Türen beim Ein- und Ausräumen offenstehen können.

Detailinformationen

Vorratsschrank *siehe S. 18–19*

Kühl/Gefrierkombination *siehe S. 20–21*

Ofen *siehe S. 30*

Rechteckige Tische *siehe S. 33*

Fliesen *siehe S. 42–43*

Wohnzimmerschrank
Der maßangefertigte Schrank ist an der Wand montiert, um die Bewegungsfreiheit im Eßbereich nicht einzuschränken. Hier werden Porzellan, Tischwäsche und Müslis aufbewahrt.

Fenstertüren
Neben dem Eßbereich lassen große Türen das Tageslicht in den Raum strömen und geben den Blick in den Garten frei.

Länglicher Tisch
An diesem großen Tisch finden bis zu zehn Leute bequem Platz.

Terrakottafliesen
Große, wiedergewonnene Terrakottafliesen sind strapazierfähig und sorgen für Atmosphäre.

❸ Platz für Vorräte ▷
Ein hoher Vorratsschrank nutzt den Raum besser als eine Zeile Ober- und Unterschränke. Das Alltagsgeschirr steht auf einem Wandregal; Körbe hängen an Haken von der Decke.

Gestaltungsmöglichkeiten

△ **Schlichte freistehende Möbelstücke**
Schlichte freistehende Küchenmöbel sind sehr ansprechend. Die Kombination von gestrichenem Holz und weißen Wänden ist hier besonders reizvoll. Der Platz um die einzelnen Elemente ist sehr wichtig, da durchgehende Küchenzeilen häufig übermäßig wuchtig wirken.

△ **Raumteiler**
In einer freistehenden Küche ist genügend Platz für alte Möbelstücke. Die antike Anrichte aus Fichtenholz im Vordergrund dient als Raumteiler und trennt Koch- und Eßbereich. Neue Schränke sorgen für Arbeitsflächen und Stauraum im Bereich des großen Ofens.

Bewahrung ursprünglicher Merkmale ▷
In einer durchdachten Küche kann man Einbauelemente durchaus mit freistehenden Stücken kombinieren. Hier wurde ein Wohnzimmer in eine große Küche umfunktioniert. Einige Merkmale, wie Stuckdecke und Kaminvorsprung, wurden beibehalten. Herd und Backrohr stehen im Alkoven; der Rauchfang dient zur Entlüftung.

△ **Im Schrank verborgene Geräte**
Eine schön proportionierte Kredenz bildet einen ansprechenden und praktischen Rahmen für große Geräte. In dieser Küche beherbergt der Schrank Kühlschrank und Mikrowelle. Er eignet sich aber ebenso für ein Backrohr in Augenhöhe und als Vorratsschrank für frische und haltbare Lebensmittel.

△ **Ein gut zugänglicher Vorratsschrank**
Der Vorratsbereich sollte am besten zwischen Knie- und Augenhöhe liegen.
Ein großer Schrank bietet in dieser Hinsicht mehr Platz als eine Zeile von Ober- und Unterschränken. Außerdem stellt ein hoher Schrank einen interessanten Blickfang dar und unterbricht den monotonen Eindruck einheitlich hoher Schränke.

Planung einer Einbauküche

Phantasie und Einfallsreichtum sind für die Gestaltung einer Küche mit gewöhnlichen Einbauelementen notwendig. Man sollte sehr wählerisch vorgehen, um einen monotonen Eindruck zu vermeiden. Am besten wählt man Türen, Schubladen und Glaselemente aus dem Standardprogramm aus und sucht dann nach Arbeitsplatten, Bodenbelag und Beleuchtung, die dem Raum eine persönliche Note verleihen.

△ ❶ **Besenschrank**
Dieser zweitürige Hochschrank war ursprünglich für eine Kühl/-Gefrierkombination vorgesehen. Hier dient er als Besenschrank, in dem all das Platz findet, was man zum Putzen braucht.

Gestalterische Aspekte

- Vermeiden Sie eine lange Küchenzeile mit einheitlichen Fronten. Leerräume für Regale und Bilder sorgen für einen aufgelockerten Eindruck.
- Bei einer Einbauküche müssen vertikale und horizontale Linien im Gleichgewicht sein. An der Wand montierte Hochschränke unterbrechen die Monotonie langgezogener Theken und Wandelemente.
- Maßangefertigte Elemente lassen eine Einbauküche weniger steril wirken. Es eignet sich eine Anrichte vom Schreiner, die über den Unterschränken angebracht wird. Wer eine billigere Alternative sucht, streicht die Innenseite des Korpus in leuchtenden Farben.

Schiefertafel
Eine überzählige Schranktür wurde mit einem Tafelanstrich versehen und dient als schwarzes Brett.

Wandgestaltung
Ein cremefarbener Ölanstrich belebt den Raum und ist leicht abwaschbar.

Wandelement in halber Tiefe
Der Raum zwischen Wandelement und Theke bietet Platz für Steckdosen.

Sitzbank
Eine eingebaute Sitzbank benötigt weniger Platz als ein Tisch mit vier Stühlen.

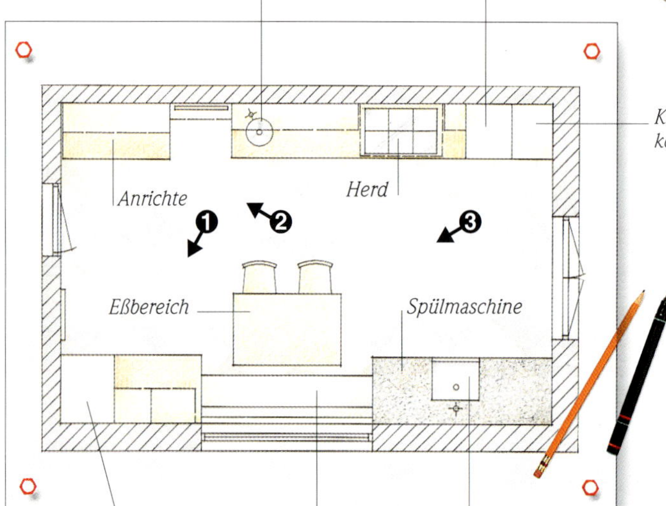

Abmessungen im Rauminneren:
3,5 m breit
5,6 m lang

◁ **Draufsicht**
In diesem schmalen Raum werden die Längsseiten ausgenützt. Unterschiedliche Höhen, die in der Draufsicht nicht dargestellt werden können, lockern den Eindruck auf.

Handgearbeitete Anrichte
Die Oberseite der Anrichte wurde mit einer überzähligen Holzleiste verziert.

Geschirrtuchhalter
Ein Geschirrtuchhalter schmückt einen Wandabschnitt, der absichtlich nicht mit Schränken bestückt wurde.

Waschbecken für Gemüse
Frische Zutaten können im Zubereitungsbereich gesäubert werden, ohne daß der gesamte Raum durchquert werden muß.

Detailinformationen

Waschbecken für Gemüse *siehe S. 26*

Arbeitsplatten aus lackiertem Holz *siehe S. 39*

Linoleum *siehe S. 45*

Deckenstrahler *siehe S. 46*

Dunstabzug und Herd
Der elegante Dunstabzug aus Aluminium und der Herd mit fünf anstatt vier Brennstellen geben dieser Einbauküche eine persönliche Note.

△ ❷ **Liebe zum Detail**
Der große Unterschied liegt in den Kleinigkeiten. Hier wurde eine Anrichte auf ein Standardelement gestellt. Die schmale Arbeitsplatte aus Buchenholz wirkt durch die 40 mm breite Kante etwas massiver.

Backrohr in Augenhöhe
Ein Vorratsschrank oberhalb des Backrohrs und Schubladen darunter lockern das Bild auf.

Einbaukühlschrank
Wenn Backrohr und Kühlschrank nebeneinander installiert werden, muß für ausreichende Isolation gesorgt sein.

Schichtstofftüren
Diese strapazierfähigen Fronten sind schlagfest und obendrein kostengünstig.

Bereich für Haustiere
Futter- und Wassernäpfe sollten in der Nähe der Gartentür und außerhalb des Koch- und Vorbereitungsbereichs stehen, um Verschmutzungen zu vermeiden.

Spülenschrank
Die Spüle ist in einen Standardunterschrank eingelassen. Die haltbare Arbeitsplatte aus Granit setzt einen persönlichen Akzent.

❸ **Geschickt kombiniert** ▷
Wenn die vom Hersteller angebotenen Elemente nicht Ihren Bedürfnissen entsprechen, sollten Sie ein paar Küchenmöbel maßanfertigen lassen. Ein schönes Beispiel ist die hier abgebildete Sitzbank.

Gestaltungsmöglichkeiten

△ **Ein kühner Entwurf**
Anstatt entlang der Wand angeordnet zu sein, stehen die Einbauelemente in dieser Küche mitten im Raum. Herd und Spülbecken liegen einander gegenüber, so daß der Koch beim Arbeiten zwei verschiedene Ausblicke hat. Der farbig gestrichene Verputz bildet einen interessanten Kontrast zum kühlen Edelstahl.

△ **Standard-Einbauelemente**
Diese kostengünstige Küche verwendet eine Zeile von Standardschränken. So entstehen ausreichend Arbeitsflächen und Stauraum. In den großzügigen Vorbereitungsbereich wurde ein Waschbecken zum Säubern von Gemüse eingelassen.

Qualität und Komfort ▷
Diese Küche genügt den höchsten Ansprüchen. Langlebige, hygienische Materialien, wie Keramik, Granit und Edelstahl, bestimmen den Charakter. Hier verbinden sich High-Tech-Elemente mit den warmen Holztönen einer ländlichen Küche.

△ **Hinter geschlossenen Türen**
Die reinweißen Fronten dieser Einbauküche sowie die weißen Wände lassen die schmale Küche, die von einem größeren Raum abgetrennt wurde, heller wirken. Auf Einbauschränke in Augenhöhe wurde völlig verzichtet. Statt dessen wurden im Eingangsbereich deckenhohe Schränke installiert.

△ **Farbenspiel**
Die hier gezeigten Elemente wurden sorgfältig aus einem Standardprogramm ausgesucht und passen bestens zu den räumlichen Gegebenheiten. Eine Zeile mit Unterschränken umgibt den Eßbereich und dient darüber hinaus als Serviertheke. Die leuchtend blauen Fronten verleihen dem Raum die persönliche Note, die in vielen Einbauküchen fehlt.

Planung einer Kücheninsel

Eine zentrale Insel bildet das Schlüsselelement einer großen, geselligen Küche. Hier sieht der Koch in den Raum, anstatt eine Wand anzustarren. Räumlich gesehen konzentriert diese Anordnung die Kochaktivitäten auf einen kleinen Bereich, so daß der Koch nicht im ganzen Raum hin- und herlaufen muß.

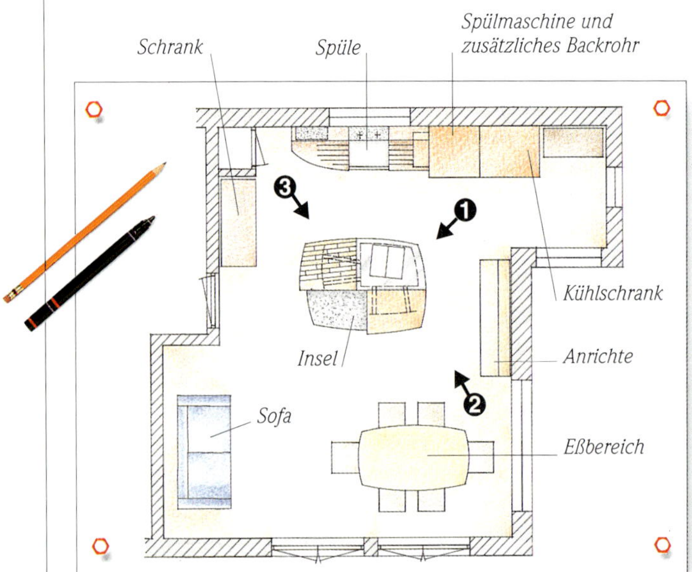

Abmessungen im Rauminneren:
4,7 m breit
6,4 m lang

△ Draufsicht
Diese Lösung ist nur dann praktisch, wenn um die Kücheninsel genügend Platz besteht. Zwischen der Insel und den Wandschränken sollte mindestens 1,2 m Raum sein. Falls die Spüle direkt hinter dem Arbeitsbereich liegt, braucht man mindestens 1 m Platz, damit zwei Leute gleichzeitig arbeiten können.

Gestalterische Aspekte

- Lassen Sie genügend Platz zwischen den verschiedenen Tätigkeitsbereichen auf der Insel. Das hölzerne Hackbrett und der Gasherd sollten mindestens 45 cm voneinander entfernt sein, um Schäden durch Hitzeeinwirkung sowie die Feuergefahr zu bannen.
- Sehen Sie eine niedrige Arbeitsplatte für den Betrieb von Elektrogeräten vor. Eine Platte aus Marmor oder Granit kann auch als Backunterlage dienen.
- In einer Küche, die sowohl zum Kochen als auch zum geselligen Beisammensein benutzt wird, ist die Beleuchtung sehr wichtig. Stellen Sie sicher, daß die Insel von oben gut beleuchtet ist, damit Sie nicht in Ihrem eigenen Schatten arbeiten. Regulieren Sie die Lampen im Eß- und Wohnbereich über Dimmer, um eine gemütliche Atmosphäre zu schaffen.

Hackbrett
Das Hackbrett blickt auf den Tisch und den dahinterliegenden Garten und liegt in unmittelbarer Nähe von Spüle, Herd und Kühlschrank.

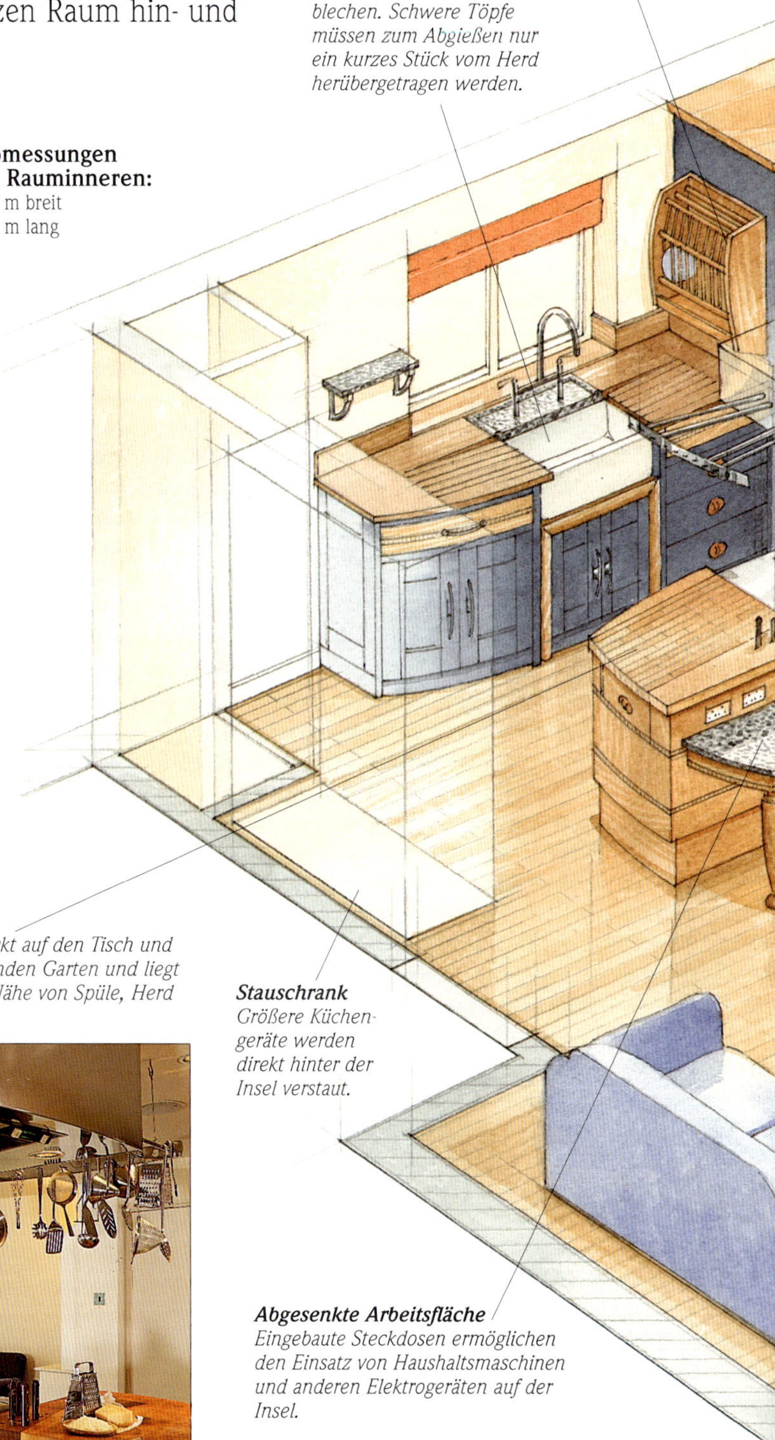

Tellerbord
Auf einem Wandregal tropfen die Teller ab, die aus der Spülmaschine oder dem danebenliegenden Spülbecken kommen.

Große Spüle
Eine tiefe Spüle eignet sich zum Einweichen von Backblechen. Schwere Töpfe müssen zum Abgießen nur ein kurzes Stück vom Herd herübergetragen werden.

Stauschrank
Größere Küchengeräte werden direkt hinter der Insel verstaut.

Abgesenkte Arbeitsfläche
Eingebaute Steckdosen ermöglichen den Einsatz von Haushaltsmaschinen und anderen Elektrogeräten auf der Insel.

◁ ❶ Geselliges Kochen
Der Gasherd und der darunterliegende Backofen sind auf das blaue Sofa ausgerichtet, so daß sich der Koch mit den Gästen unterhalten kann. Auf der Hinterseite schützt ein Überstand aus Edelstahl die lackierte Theke vor Öl und Saucen.

Geräteschrank mit Geschirrspüler
Auf dem erhöht installierten Geschirrspüler steht ein Ofen in Augenhöhe, der dem Koch lästiges Bücken erspart.

Hoher Kühlschrank
Durch die Kücheninsel entsteht an der Wand Platz für einen großen Kühlschrank in unmittelbarer Nähe des Vorbereitungsbereichs.

Edelstahlherd
Die Arbeitsplatten neben dem Herd sind hitzebeständig. Man sollte auf beiden Seiten mindestens 30 cm einplanen.

Fenster
Durch die Fensterfront sowie die gläsernen Gartentüren flutet Licht in den Raum.

Küchentisch
Der Tisch steht im hellsten Teil der Küche. Seine geölte Oberfläche aus Holz macht ihn sehr strapazierfähig.

Vorlegebereich
Die freie Theke zwischen Kochzone und Tisch wird zum Servieren der Mahlzeiten benutzt und erleichtert die Bewirtung der Gäste.

Wohnbereich
Durch die Konzentration der Geräte und Arbeitsplatten im Zentrum der Küche entsteht Platz für eine Sitzecke.

❷ Schränke, die ins Auge stechen ▷
Der Schrank unter der Vorlegetheke ist vom Tisch aus sichtbar und bildet die dekorativste der vier Inselzonen. Dahinter verbirgt sich der Herd, so daß der Koch seine Mahlzeiten vor Publikum zubereiten kann, ohne sich dabei in die Töpfe schauen zu lassen.

Detailinformationen

Inseleinheit
siehe S. 24–25

Herd und Dunstabzug
siehe S. 28–29

Stauraum für Zubehör
siehe S. 36

Beleuchtung
siehe S. 46–47

❸ Vollständige Integration ▷
Muß der Koch während der Mahlzeit aufstehen, so bedeutet dies keine Unterbrechung des Tischgesprächs mehr.

GESTALTUNGSMÖGLICHKEITEN

△ **Multifunktionelle Halbinsel**
In einer kleinen Küche, in der die Arbeitsflächen beschränkt sind und es keinen Platz für einen Tisch gibt, kann man eine Halbinsel einrichten, die zur einen Hälfte aus Furnierholz und zur anderen aus Granit besteht. Dieser funktionelle Bereich eignet sich als Vorbereitungszone und als Eßtheke, ohne daß wertvoller Platz verlorengeht.

△ **Minimalistische Insellösung**
Eine Insel aus gebürstetem Edelstahl mit einem kleinen, eingelassenen Spülbecken gibt dem geselligen Koch Gelegenheit, frische Zutaten zu säubern und vorzubereiten und sich gleichzeitig mit seinen Gästen zu unterhalten, die auf Barhockern an der Theke sitzen.

Insel mit variabler Arbeitshöhe ▷
Eine zentrale Insel sollte möglichst in vier Schlüsselzonen aufgeteilt werden, von denen jede die ideale Arbeitshöhe für die jeweilige Tätigkeit hat. Im Gegensatz zu den meisten Einbauküchen, wo die Arbeitsflächen entlang der Wände verlaufen, steht der Koch bei dieser Anordnung im Mittelpunkt.

△ **Zentraler Spülbereich**
Hat man von der Küche aus keinen schönen Fensterblick, integriert man die Spüle in die Insel, so daß man beim Abwaschen in den Raum blickt anstatt die Wand anzustarren. Hier wurde die Spüle so geplant, daß man sich zum Herd nur umzudrehen braucht.

△ **Schlanker Arbeitstisch mit erhöhter Plattform**
In einer schmalen Küche läßt sich ein länglicher moderner oder altmodischer Arbeitstisch unterbringen, an dem mehrere Leute gleichzeitig tätig sein können. Eine abnehmbare Plattform an einem Tischende ermöglicht dem Koch im Stehen Mahlzeiten vorzubereiten und gleichzeitig Kinder im Auge zu behalten.

Planung einer improvisierten Küche

Hat man die Grundlagen des ergonomischen Küchendesigns einmal verstanden, kann man auch mit einem kleinen Geldbeutel eine gemütliche und praktische Küche gestalten. Das Geheimnis liegt in der Improvisation. Anstatt sich mit billigen Elementen zufriedenzugeben, sollte man durch Second-Hand-Läden stöbern und sein Glück auf Möbelauktionen versuchen. Auch Erbstücke, die irgendwo anders im Haus Platz gefunden haben, können in die Küche integriert werden.

△ ❶ **Begrenzter Raum**
Da der Platz beschränkt ist, liegen Spüle, Herd und Vorbereitungsbereich dicht nebeneinander. Diese kompakte Anordnung erweist sich als sehr praktisch.

Apothekerschütten
Diese auf einer Auktion erstandenen Schütten beherbergen Gewürze, Kerzen und anderen Krimskrams.

Porzellanspüle
Dieses intakte Erbstück mit Ablaufbrett ist in einen handgearbeiteten Küchenschrank integriert.

Stauraum
Im Geschirrschrank und der Besteckschublade unter der Spüle werden die Gegenstände gleich nach dem Abspülen aufgeräumt.

Holzbank
Zwar fehlt der Platz für einen Tisch, doch können die Gäste wenigstens auf der Bank Platz nehmen.

Gestalterische Aspekte

■ Die Auswahl muß sorgsam getroffen werden. Stellen Sie sicher, daß die Gegenstände funktionieren, und prüfen Sie die Maße, damit die Möbel dann auch passen.

■ Am schwierigsten ist der Bereich um das Spülbecken. Lassen Sie auf jeder Seite etwa 60 cm Platz für ein Ablaufbrett. Prüfen Sie die Nahtstellen zwischen Becken und Arbeitsplatte. Die Versiegelung muß starker Beanspruchung standhalten. Auch der Bereich hinter der Spüle sollte vor Spritzwasser geschützt sein *(siehe S. 42–43)*.

■ Möbel mit strapazierfähigen Arbeitsplatten sind unter Umständen schwierig zu finden. Setzen Sie Prioritäten und erwägen Sie die Anschaffung neuer Arbeitsplatten *(siehe S. 38–39)*.

Abmessungen im Rauminneren:
1,9 m breit
4,7 m lang

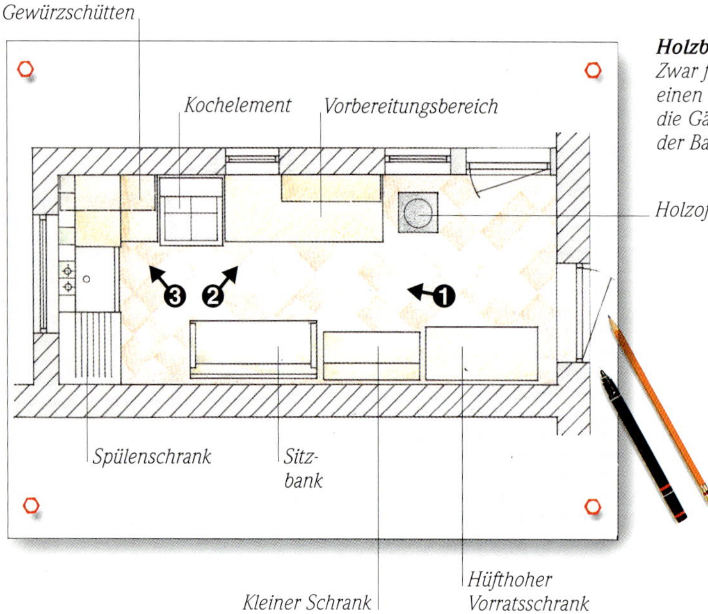

◁ **Draufsicht**
Spüle, Kochelement und die lange Vorbereitungszone bilden eine L-Form aus Einbauschränken, während die freistehenden Schränke und die Sitzbank so angeordnet sind, daß genügend Platz zum Öffnen des Spülenschranks bleibt.

Freistehender Gasherd
Dieser Gasherd hat einen ausklappbaren Grill in Augenhöhe. Solche praktischen Grills findet man nur bei alten Herden.

Kühlunterschrank
Dieser kleine Kühlschrank nimmt unter der Arbeitsplatte nur wenig Platz ein und kann aus zweiter Hand billig erstanden werden.

Detailinformationen

Kühlunterschrank
siehe S. 20

Backofen
siehe S. 30

Spülbecken
siehe S. 34

Wandgestaltung
siehe S. 42–43

Wandregal
Ein altes Regal aus Kiefernholz bietet Platz für Utensilien und Zubehör und entlastet so die darunterliegende Arbeitsfläche.

△ ❷ Schutzmaßnahmen
In dieser schmalen Küche schließt sich die Holztheke direkt an den Herd an. Um die Oberfläche nicht zu beschädigen, müssen heiße Töpfe immer auf Untersetzer gestellt werden.

Lichtverhältnisse
Eine durchdachte Planung sorgt dafür, daß die Arbeitsplatte zwischen zwei Fenstern liegt und von Tageslicht erhellt wird.

Holzofen
Ein Ofen aus Gußeisen bietet neben der Vorbereitungszone eine zusätzliche Stellfläche.

Terrakottafliesen
Fliesen aus einem alten Bauernhaus wurden gesäubert und bilden jetzt einen strapazierfähigen Bodenbelag.

Vorratsschrank
Ein hüfthoher Schrank dient als kleine Speisekammer.

❸ Kostengünstiges Material ▷
Gestrichene Holzbalken verbergen die Unebenheiten in der Decke. Das gleiche Material wurde für die Einbauschränke unterhalb des Spülbeckens und die Arbeitsplatte verwendet.

Gestaltungsmöglichkeiten

△ **Preiswerter Edelstahl**
Wenn Ihnen die Eigenschaften von Edelstahl zusagen, doch Sie sich keine neuen Elemente leisten können, sollten Sie Ihr Glück auf einer Gastronomieauktion versuchen, wo Profiküchen versteigert werden. Erwerben Sie Arbeitstisch und Spüle aus Edelstahl, um eine Spülzone, einen Zubereitungsbereich und eine Eßtheke zu schaffen.

△ **Gerätehalter**
Küchenutensilien, die von der Wand hängen, sehen hübsch aus und sind von der Arbeitsplatte aus gut erreichbar. Die hier abgebildete Vorrichtung besteht aus drei Handtuchhaltern aus Edelstahl. Bei einer längeren Arbeitsplatte eignet sich auch eine Kleiderstange aus einem alten Schrank.

Wanddekoration ▷
In kleinen, schmalen Küchen ist oft nicht genug Platz für einen Schreibtisch, wo Rezepte und Notizen aufbewahrt werden können. An dieser Pinnwand sind Lieblingsrezepte, Einkaufszettel und Rechnungen befestigt.

△ **Aus alt mach neu**
Wenn der Geldbeutel keine komplette Umgestaltung der Küche zuläßt, kann man das äußere Erscheinungsbild durch einen neuen Anstrich in kräftiger Farbe und Austauschen der Griffe verändern. Steht etwas mehr Geld zur Verfügung, werden auch Arbeitsplatten und Lampen erneuert.

△ **Selbstgemachte Regale**
Offene Regale mit Haken sind recht einfach zu bauen. Hier kann man jede Menge Küchenzubehör oberhalb der Arbeitsplatte verstauen. Diese preiswerte Alternative zu Einbauschränken hat den Nachteil, daß die Gegenstände schnell verstauben und regelmäßig gereinigt werden müssen.

Planung einer Wohnküche

Eine Wohnküche ist mehr als nur ein Raum für die Zubereitung von Mahlzeiten, und darin liegt die Herausforderung. Die Wohnküche bildet den Mittelpunkt des Familienlebens und sollte als solcher gestaltet werden. Man unterteilt den Raum in klare Bereiche: eine Kücheninsel, von wo aus der Koch in den Raum blickt; ein zwangloser Eßplatz und ein Wohnbereich mit einem großen Sofa.

Gestalterische Aspekte

- Stellen Sie sicher, daß Sie gerne vor Publikum kochen, bevor Sie sich für eine offene Wohnküche entscheiden.
- Arbeiten Sie mit Sofas und Teppichen, die Geräusche schlucken, um den Lärmpegel in einer großen Wohnküche möglichst niedrig zu halten.
- Eine lange Insel ist sehr praktisch, wenn man an jedem Ende einen runden Vorbereitungsbereich einplant.
- Herd und Spüle sollten sich gegenüberstehen, um die Wege möglichst kurz zu halten.
- Planen Sie ausreichend Stauraum, der möglichst nahe bei den verschiedenen Tätigkeitsbereichen liegen sollte.

Vorratsschrank
Ein hoher Schrank ersetzt Vorratsbereiche unter- und oberhalb der Arbeitsplatte und befriedigt die Bedürfnisse einer großen Familie.

Kamin
Da Kücheneinbauten und Geräte nicht über den ganzen Raum verteilt sind, bleibt Platz für einen Kamin.

Deckenlampen
Scheibenförmige Lampen hängen von der Decke und lassen den Raum niedriger wirken. Auf diese Weise entsteht abends eine gemütliche Atmosphäre.

Wohnbereich
Sofa und Stühle sind um den Kamin angeordnet und bilden den gemütlichen Wohnbereich.

Abmessungen im Rauminneren:
7,6 m breit
8,5 m lang

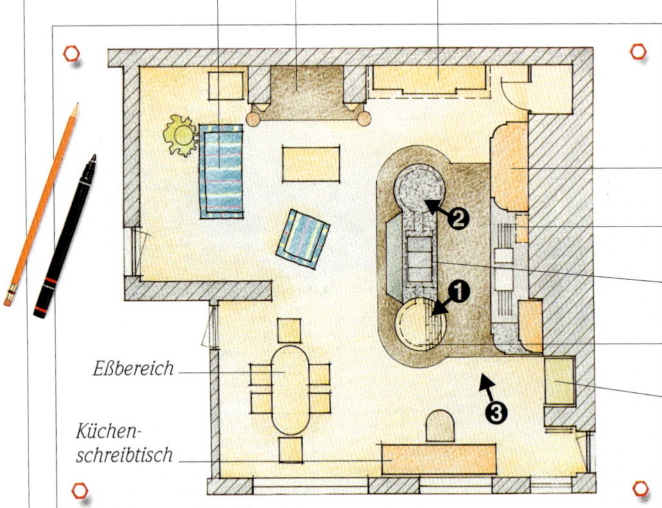

△ Draufsicht
Die Geräte befinden sich im Insel- und Spülenbereich, um die Kochaktivitäten auf diese Zone zu konzentrieren und Eß- und Wohnbereich freizuhalten.

❶ Alles im Blick ▷
Von der Insel aus hat man den ovalen Tisch im Blick. So kann man Hausaufgaben und andere Beschäftigungen überwachen, ohne das Kochen zu unterbrechen.

Hochschrank mit Geräten
Die Mikrowelle und der an erhöhter Stelle installierte Geschirrspüler befinden sich unmittelbar hinter der Insel. Speisen können problemlos eingebracht und entnommen werden. Schmutziges Geschirr verschwindet schnell in der Spülmaschine.

❷ Wohnraum ▷
Der Kamin, ein traditionelles Küchenelement, ist vom Koch- und Vorbereitungsbereich aus gut zu sehen. Hier versammelt sich – vor allem im Winter – die ganze Familie, und auch der Koch ist nicht ausgeschlossen.

Eckschrank
Tassen und Gläser stehen in Reichweite von Kessel und Kühlschrank. Ein großer ausziehbarer Mülleimer ist im Schrank unter der Arbeitsplatte aus Granit verborgen.

Kühl/-Gefrierkombination
Kühlschrank und Gefriertruhe sollten etwas abseits stehen, damit Kinder auf der Suche nach Getränken oder einem kleinen Imbiß die Tür öffnen können, ohne die Küchentätigkeit zu behindern.

Küchenschreibtisch
Ein großer Schreibtisch mit Platz für einen PC eignet sich zur Erledigung hauswirtschaftlicher Verwaltungsarbeiten und für Familienspiele.

Inseleinheit
Eine stabile Esse dient als Gestell für Beleuchtungskörper und Utensilien, während die offenen Plattformen aus Holz praktischen Stauraum bieten.

Eßbereich
Dieser ovale Tisch ist ideal für zwanglose Familientreffen. Auf 2,4 m Länge haben zehn Personen bequem Platz.

Detailinformationen

Vorratsschrank *siehe S. 18–19*
Kühl/Gefrierkombination *siehe S. 20–21*
Inselelement *siehe S. 24–25*
Herd mit Grill *siehe S. 28*
Ovaler Tisch *siehe S. 33*

❸ Gemeinsames Kochen ▷
Durch die Insel wird Kochen zur Gemeinschaftsaufgabe. An diesem runden Element können mehrere Familienmitglieder gleichzeitig arbeiten. Trockene Zutaten werden im Vorratsschrank nahe der Backplatte aus Granit aufbewahrt. Frische Lebensmittel befinden sich im Kühlschrank, der nur wenige Schritte vom Holzblock entfernt steht.

Gestaltungsmöglichkeiten

△ **Kochzone für Kinder**
Entlang der Insel verläuft eine niedrige Schieferplatte, die eine strapazierfähige Theke in Kinderhöhe darstellt, wo junge Familienmitglieder mitkochen können. Daneben dient die Platte als Oberfläche für den Betrieb von Elektrogeräten und als Frühstücksplatz.

△ **Gemeinsame Mahlzeiten**
Der Küchentisch bildet den Mittelpunkt des Familienlebens; er darf auch bei beschränkten Räumlichkeiten nicht fehlen. An einem kleinen runden Tisch mit 1,2 m Durchmesser finden vier Personen Platz. Wenn der Eßplatz nicht in Gebrauch ist, können die Stühle näher an den Tisch gerückt werden.

Raum für Kreativität ▷
Der Küchentisch wird nicht nur bei den Mahlzeiten benutzt. Hier wird auch gemalt, gezeichnet und modelliert. Am besten eignet sich ein alter Fichtentisch, auf dem Flecken nicht zu sehr ins Auge stechen. Alternativ kann der Tisch auch durch ein wasserfestes Tischtuch geschützt werden.

△ **Schublade für Spielsachen**
Auf dem Boden herumliegende Spielsachen führen leicht zu Unfällen. Wenn es Zeit zum Essen wird, verschwindet das ganze Spielzeug in der ausziehbaren Schublade. Es empfiehlt sich außerdem ein hygienischer Bodenbelag, wie Linoleum.

△ **Büro in der Küche**
Ein Schreibtisch in der Küche hilft bei der Organisation des Haushalts und der Hausaufgabenüberwachung. Pinnwand und Schiefertafel unterstützen den reibungslosen hauswirtschaftlichen Ablauf.

DER ENTWURF

Grundriss und Aufriss

Grundriß und Aufrisse sind der Ausgangspunkt jedes neuen Küchenplans. Die folgende einfache schrittweise Anleitung soll Ihnen helfen, sich einen Überblick über die Dimensionen des Raums zu verschaffen. Die Maße werden dann auf Millimeterpapier übertragen, damit maßstabgetreue Zeichnungen erstellt werden können.

Trittleiter

Farbstifte

Radiergummi

Notizblock

Kamera

Maßband

Hilfsmittel
Um die Dimensionen des Raums, Leitungen und Auslässe sowie ungewöhnliche architektonische Eigenheiten genau aufzeichnen zu können, benötigt man einige Hilfsmittel.

Der Grundriß

Bevor man sich der Planung einer neuen Küche zuwendet, muß man sich mit den Eigenheiten des Raums vertraut machen, der als Küche dienen soll. Mit Hilfe eines Grundrisses mit genauen Maßangaben läßt sich feststellen, ob ein Gerät oder Möbelstück an der vorgesehenen Stelle Platz findet. Stromauslässe und Leitungen, natürliche Lichtquellen, Außenwände und Zugang müssen bekannt sein, damit man die geeigneten Standorte für Vorbereitungsbereich, Koch-, Eß- und Spülzonen bestimmen kann.

❶ Raumskizze anfertigen
Stellen Sie sich in die Mitte des Raums und blicken Sie auf den Boden. Zeichnen Sie mit einem weichen Bleistift von Hand eine ungefähre Skizze des Bodens. Berücksichtigen Sie feststehende Möbelstücke sowie architektonische Eigenheiten, die für die Gestaltung von Bedeutung sind.

❷ Bodenfläche ausmessen
Messen Sie den gesamten Bodenbereich mit Hilfe des Maßbands aus. Tragen Sie die Maße mit Farbstift oder Tinte auf Ihrer Skizze ein. Zu diesem Zeitpunkt sollte man Details, wie Leisten, noch außer acht lassen.

❸ Wandfläche ausmessen
Gehen Sie im Uhrzeigersinn durch den Raum und messen Sie nacheinander alle Wände aus. Nehmen Sie nicht einfach an, daß die Wände symmetrisch sind. Notieren Sie die Maße sorgfältig auf der Skizze.

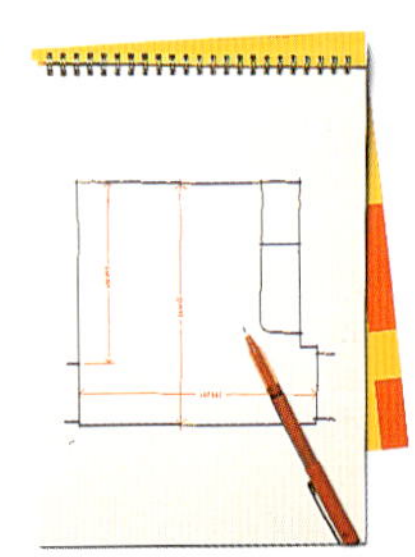

❹ Leitungen erfassen
Prüfen Sie den Raum auf Leitungen wie Gas und Wasser sowie auf Stromauslässe und tragen Sie diese Details in der Skizze ein. Erfassen Sie architektonische Eigenheiten, die bei der Gestaltung berücksichtigt werden müssen, wie Kaminzüge, Außenwände und Ausrichtung der Wände.

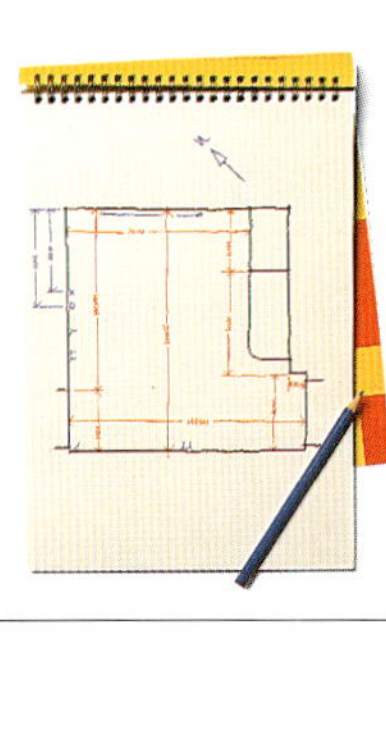

❺ Feste Details notieren
Erfassen Sie Maße und Standort all der Geräte und Schränke, die ihren Platz behalten sollen (z.B. Ofen oder Vorratsschrank), und tragen Sie diese auf Ihrer Skizze ein. Die meisten Gegenstände können jedoch ohne Schwierigkeiten und ohne hohe Kosten versetzt werden.

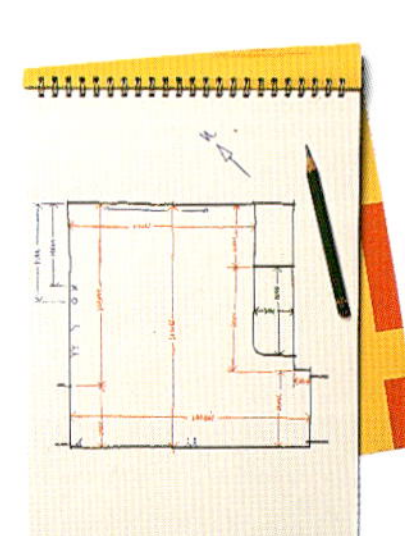

❻ Problemzonen fotografieren
Bereiche, die schwierig auszumessen sind, wie komplizierte Ecken oder schiefe Wände, werden mit Hilfe der Kamera dokumentiert. Fotos von Eigenheiten des Raums, wie etwa von einem Kamin, erinnern bei der Küchenplanung an wichtige Stilmerkmale.

Aufrisse

Man braucht bei der Planung einer neuen Küche keine detaillierten Aufrisse, doch sollte man eine Skizze der vier Wände zur Verfügung haben. Mit Hilfe solcher Skizzen kann man feststellen, ob ausreichend Platz für freistehendes Mobiliar besteht, ohne daß Fenster, Heizkörper oder andere feste Einrichtungen im Weg sind. Aufrisse helfen dem Küchenplaner auch, sich vorzustellen, welche Möbelgröße am besten zu den Proportionen des Raums paßt.

❶ Höhe ausmessen
Stellen Sie sich vor eine Wand und zeichnen Sie eine Skizze. Berücksichtigen Sie Türen, Fenster und Nischen. Architektonische Details, wie Leisten, sind noch nicht von Bedeutung. Von einer Trittleiter aus messen Sie die Höhe der Wand vom Boden zur Decke. Übertragen Sie die Maße auf den Notizblock.

❷ Türen ausmessen
Erfassen Sie Höhe und Breite der Türen, Türrahmen und Simse, sowie von Zierrahmen und Leisten. Notieren Sie Lage und Größe der Leitungen und Auslässe, die frei bleiben müssen. Zeichnen Sie von jeder Wand einen Aufriß.

Maßstabgetreu planen

Der skizzierte Grundriß *(siehe S. 76)* enthält alle notwendigen Informationen, um den Standort der verschiedenen Geräte und Möbel in der neuen Küche zu planen. Wer jedoch professionell vorgehen will, erstellt mit Hilfe der folgenden Anleitung einen maßstabgetreuen Grundriß sowie Aufrisse.

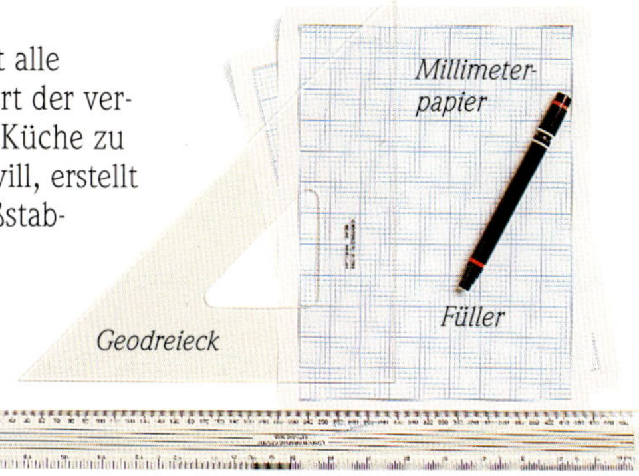

50-cm-Lineal

Außenwände
Der breite schraffierte Bereich kennzeichnet Außenwände.

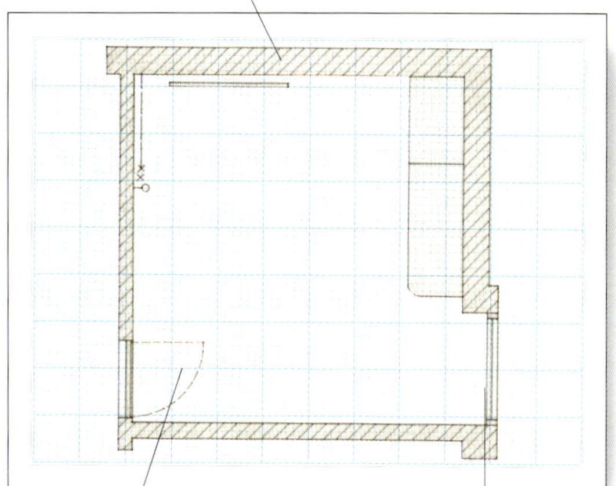

Hilfsmittel
Dieses Buch enthält bereits Millimeterpapier. Des weiteren brauchen Sie die oben abgebildeten Gegenstände.

◁ ❶ Grundriß übertragen
Die genauen Maße können Sie Ihrer Skizze entnehmen. Dann werden die vier Wände maßstabgetreu auf Millimeterpapier übertragen. Gerade Linien werden mit dem Geodreieck verbunden. Dann kennzeichnet man Schlüsselelemente, wie Außenwände, Türen und Fenster, die für die Küchenplanung von Bedeutung sind.

Türschlag
Eine getüpfelte Linie zeigt die Richtung, in der die Tür aufgeht.

Licht
Parallel verlaufende Linien kennzeichnen ein Fenster als Lichtquelle.

Simshöhe
Die für Hochschränke verfügbare lichte Raumhöhe wird durch die Breite des Simses bestimmt.

❷ Aufriß zeichnen ▷
Erstellen Sie mit Hilfe der Maße auf Ihrer Skizze einen maßstabgetreuen Aufriß der einzelnen Wände. Arbeiten Sie vom Boden aufwärts. Details und Leitungen werden zuletzt eingetragen.

Türgriff
Zeichnen Sie die Lage des Türgriffs ein, um anzuzeigen, in welche Richtung sich die Tür öffnet.

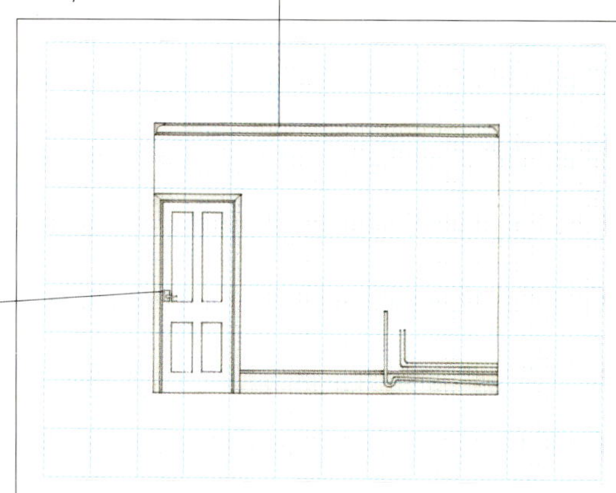

❸ Weitere Aufrisse ▽
Erstellen Sie maßstabgetreue Aufrisse der übrigen Wände. Tragen Sie wichtige Details ein, damit Sie sich vor der Planung ein genaues Bild des Raums machen können.

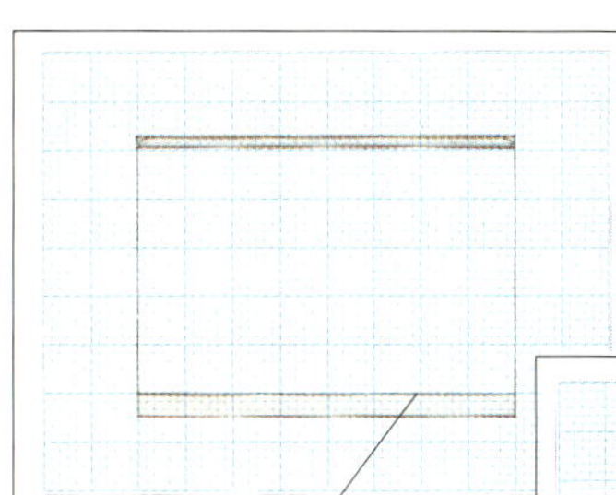

Fenster
Berücksichtigen Sie Details wie Simse und Fensterbretter.

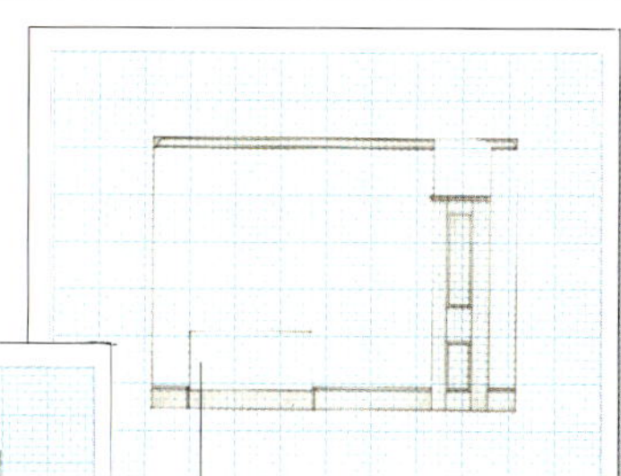

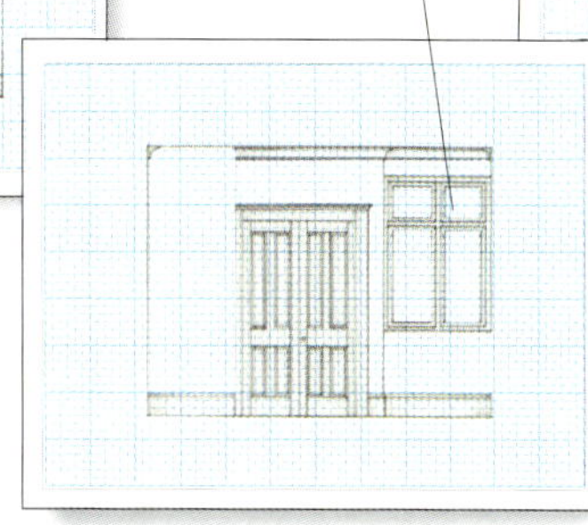

Bodenleiste
Eine dickere Linie unterscheidet die Bodenleiste von der Kante.

Das Gesamtbild
Aus Gründen der Genauigkeit sollten auch Heizkörper, Bodenleisten sowie die Seitenansicht des Schranks eingezeichnet werden.

Anordnung der Elemente

Der Liste der ausgewählten Küchengeräte, -möbel und -materialien entnehmen Sie die Informationen, die Sie für die Planung einer Küche nach Ihren Vorstellungen und Bedürfnissen benötigen. Dann gilt es die einzelnen Elemente sinnvoll und praktisch anzuordnen. Experimentieren Sie mit verschiedenen Lösungen, indem Sie ein Stück Pauspapier auf den maßstabgetreuen Grundriß legen *(siehe S. 76–77)* und die Elemente gemäß nebenstehender Anleitung einzeichnen. Unter Umständen sind mehrere Anläufe notwendig, bevor die beste Lösung gefunden ist.

Hilfsmittel ▷
Legen Sie ein Stück Pauspapier auf den maßstabgetreuen Grundriß und befestigen Sie es mit Klebeband. Zeichnen Sie die Elemente mit einem weichen Bleistift, Lineal und Geodreieck ein. Um eine andere Anordnung auszuprobieren, müssen Sie lediglich ein neues Stück Pauspapier auflegen.

Anordnung

Bei der Ausarbeitung eines neuen Küchenplans sollten die Elemente in folgender Reihenfolge angeordnet werden:

❶ Zeichnen Sie zuerst den Spülenschrank mit den Ablaufbrettern ein, da dies das längste Element ist. Koch- und Zubereitungsbereich sowie Geschirrspüler sollten in der Nähe liegen.

❷ Plazieren Sie den Herd nahe bei der Spüle, damit Sie mit den Töpfen nicht durch die ganze Küche laufen müssen. Überlegen Sie, wo das Backrohr untergebracht werden soll.

❸ Planen Sie den Vorbereitungsbereich in Reichweite des Herds und in geringer Entfernung von der Spüle, wo Sie frische Zutaten säubern können.

❹ Der Kühlschrank sollte etwas abseits vom Zentrum plaziert sein, doch nahe bei Vorbereitungsbereich und Küchentisch stehen.

❺ Stellen Sie den Tisch in die Nähe einer natürlichen Lichtquelle und abseits vom Küchenzentrum. Stauraum in Ober- und Unterschränken sollte in Reichweite der verschiedenen Tätigkeitsbereiche sein.

Ungeeignete Pläne

Die Entwicklung eines durchdachten, ergonomischen Küchenplans braucht Zeit, vor allem wenn der Raum feste Installationen hat, die in die neue Gestaltung integriert werden müssen. Nehmen Sie sich genügend Zeit und lernen Sie aus ungeeigneten Entwürfen.

Beschränkter Zugang ▽
Doppelspüle und Eßbereich wurden eingeplant, doch sind beide Bereiche beengt. Die Spüle blickt auf die Wand und wird von Oberschränken behindert. Kühlschranktür und Tisch machen den Raum schwer zugänglich.

Oberschränke
Die in Augenhöhe über der Spüle angebrachten Elemente wirken in dieser Ecke beengend.

Eßbereich
An diesem Tisch haben nur drei Personen Platz. Der Tisch ragt in den Raum und blockiert die Tür.

Hackbrett
Zwischen Herd und Kühlschrank ist nur Platz für einen kleinen Vorbereitungsbereich.

Kühlschrank in voller Höhe
Beim Betreten des Raums verhindert dieser Hochschrank den Blick in die Küche.

Kaum Stauraum ▽
Die Arbeitsfläche wird durch die Halbinsel erweitert, doch liegt der Kühlschrank nun auf der anderen Seite des Raums. Der Tisch steht unter dem Fenster, doch mußte der große Schrank halbiert werden, um den notwendigen Platz zu schaffen.

Spülenbereich
In der Ecke herrscht Enge, doch ist der Vorbereitungsbereich nun größer.

Halbinsel
Der Herd mit darüberliegendem Dunstabzug und darunterliegendem Backrohr zerstückelt den Raum.

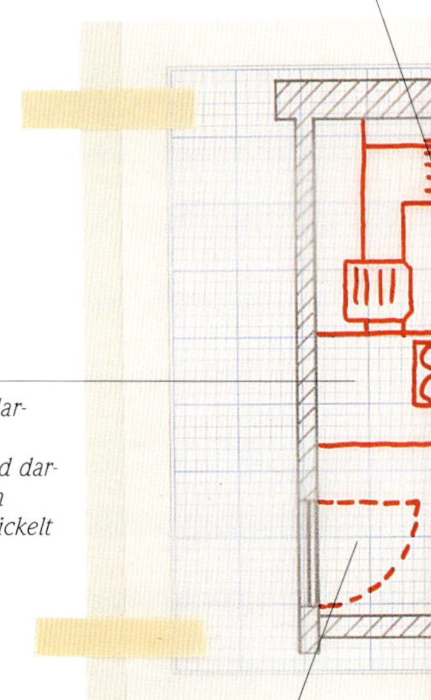

Türschlag
Die Küchentür öffnet sich zur Halbinsel hin und beengt diesen Bereich.

Der geeignete Plan

Ist die beste Anordnung der Geräte im Raum gefunden und ein ergonomisches Design erreicht, überträgt man den endgültigen Grundriß mit Tusche auf Millimeterpapier.

Neues Fenster
Das neue Fenster wird an einer Außenwand angebracht, damit die Doppelspüle Tageslicht hat.

Erhaben installierter Geschirrspüler
Das Gerät liegt zwischen Spüle und Einbauschrank. Auf diese Weise kann Geschirr bequem vorgespült und später verstaut werden.

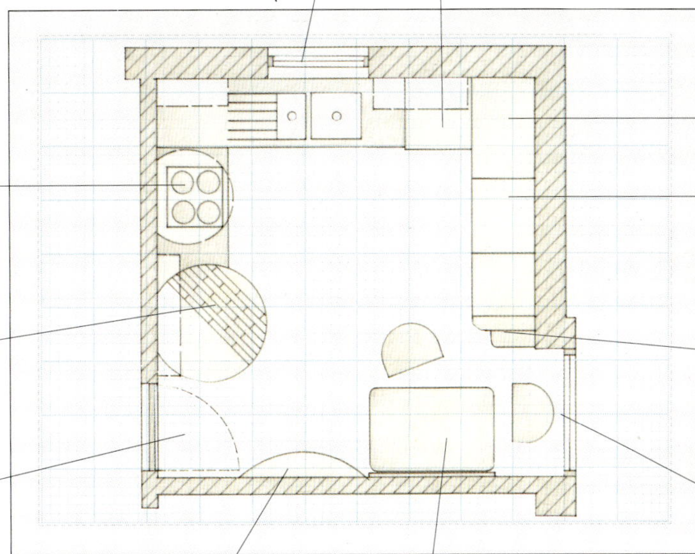

Herd und Backrohr unter der Arbeitsplatte
Diese Geräte sind von einer hitzebeständigen Arbeitsplatte umgeben und liegen in Reichweite der Spüle.

Vorbereitungsbereich
Ein runder Block aus Furnierholz und Granit bildet eine geräumige Arbeitsplatte in Herdnähe, ohne den Gesamteindruck zu stören.

Türschlag
Der Türschlag wurde geändert, so daß sich die Tür nun zur rechten Wand hin öffnet und den Blick ins Zimmer freigibt. Jetzt können auch mehrere Personen an dem runden Arbeitsbereich tätig sein, ohne die Tür schließen zu müssen.

Wandregale
Schmale, abgerundete Regale passen an die Wand zwischen Tür und Tisch, ohne wertvollen Platz auf dem Boden einzunehmen.

Kleiner Tisch
Um Platz zu sparen, wird der Tisch gegen die Wand neben dem Fenster geschoben. Bei Bedarf können hier vier Personen sitzen.

Schrank mit Boiler
Der Boiler kann nicht versetzt werden, so daß dieses Eckelement in den Plan integriert werden muß.

Einbauschrank
Ein vorhandener Schrank wird beibehalten und beherbergt nun Kühlschrank und Geschirrfächer.

Telefonregal
Ein schmales Brett wird am Schrank befestigt und dient als Abstellfläche für das Telefon in Reichweite des Tisches.

Fenster
Das bereits vorhandene Fenster sorgt an diesem Ende des Raums für Licht.

Eingeschränkte Arbeitsfläche ▽

Der Spülenschrank paßt neben das Fenster, doch wird der Weg von der Spüle zum Herd von ein- und ausgehenden Leuten gekreuzt. Deckenhohe Stauschränke überwiegen. Die Arbeitsfläche beschränkt sich auf einen kleinen Bereich in Herdnähe.

Stauraum
Ein Schrank über dem Geschirrspüler, ein Gestell für Teller und ein Regal bieten ein Minimum an Stauraum.

Kühlschrank in voller Höhe
Der Kühlschrank wird in der verbleibenden Hälfte des Einbauschranks untergebracht.

Arbeitsfläche
Es besteht nur Platz für eine kleine Arbeitsfläche neben dem Herd.

Tisch am Fenster
Ein fest installierter Tisch ist nicht flexibel. Außerdem mußte ein Teil des Schranks entfernt werden, um Platz für die Sitzgelegenheiten zu schaffen.

Eßbereich
Der Tisch liegt im dunklen Bereich des Raums und ist von Hochschränken umgeben.

Platz im Zentrum
In der Mitte des Raums bleibt viel Platz ungenutzt – ein Schwachpunkt in der Planung.

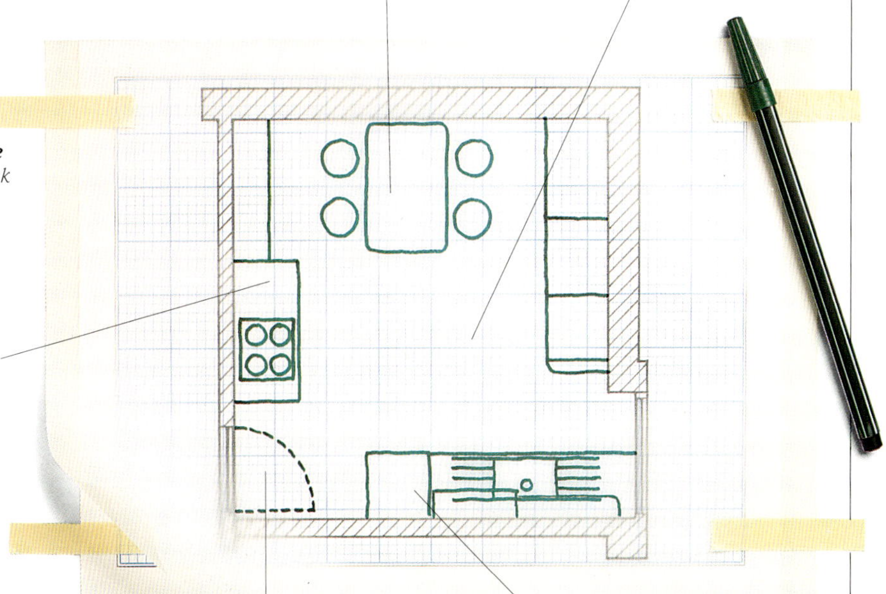

Eingangstür
Ein- und ausgehende Leute kreuzen den Weg zwischen Spüle und Herd.

Geräteschrank
Backrohr und Geschirrspüler stehen neben der Tür und beschränken den Zugang.

DETAILPLANUNG

Hat man einen zufriedenstellenden Grundriß gefunden, beginnt die Detailarbeit. Bei der Auswahl von Fronten, Wandgestaltung, Bodenbelag und Beleuchtung läßt man sich von seinen individuellen Bedürfnissen leiten. Man sollte Budget und Zeitplan dabei aber nicht aus den Augen verlieren.

◁ Sammeln von Abbildungen
Vielleicht haben Sie ja schon die passenden Geräte und Schränke ausgewählt. Falls nicht, sammelt man Bilder aus Zeitschriften und Katalogen, um sich über den geeigneten Stil – traditionell, modern oder High-Tech – klar zu werden.

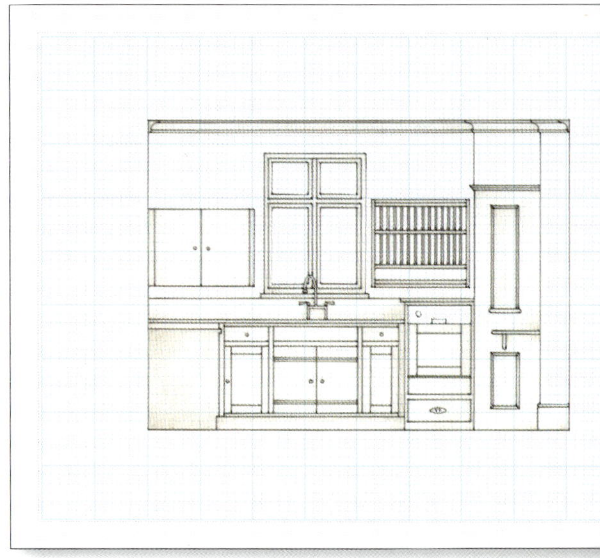

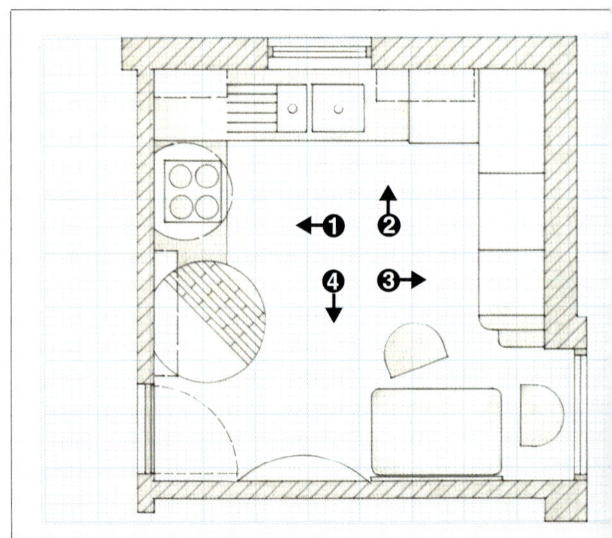

△ ❶ Koch- und Vorbereitungsbereich
Zeichnen Sie Ober- und Unterschränke ein, um festzustellen, wie sie in den bestehenden Raum passen. Hier hat der Vorbereitungstisch zwei flache Schubladen für Utensilien. Zwischen den Tischbeinen steht ein Abfalleimer. Tiefe Schubladen für Töpfe und ein hoher Einzelauszug für Öl flankieren den Ofen.

❹ Bücherregal und Tisch ▷
Da sich die Tür zur rechten Wand hin öffnet, wird dieser Bereich schlicht gehalten, um den Zugang nicht zu erschweren. Bei der Auswahl von Bücherregal, Pinnwand, Küchentisch und Wandverkleidung sollte man darauf achten, daß diese Elemente stoßfest und stabil sind.

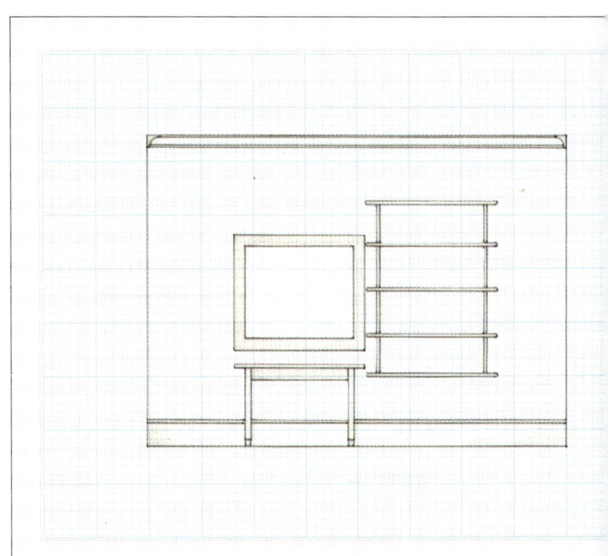

◁ Mustersammlung
Farbtafeln sowie Muster von Fliesen und Arbeitsplatten sind in Läden für Heimwerkerbedarf und Innenausstattung erhältlich. Mit ihrer Hilfe nimmt die Küche allmählich Gestalt an.

Kataloge ▷
Die Kataloge, in denen die gewünschten Geräte und Materialien zu finden sind, helfen bei der Kostenkalkulation. Außerdem enthalten sie einen Bezugsquellennachweis.

◁ ❷ Spülbereich
Der Spülenschrank erfordert besondere Aufmerksamkeit bei der Planung. Details, wie Material des Spülbeckens, Schranktüren, Armaturen, Ablaufbretter, Einbau des Geschirrspülers und Oberschrank, sind besonders wichtig. In dieser Naßzone braucht man einen geeigneten Bodenbelag sowie einen Spritzschutz hinter der Spüle, um Wand, Arbeitsleuchten und Vorhänge nicht zu beschädigen.

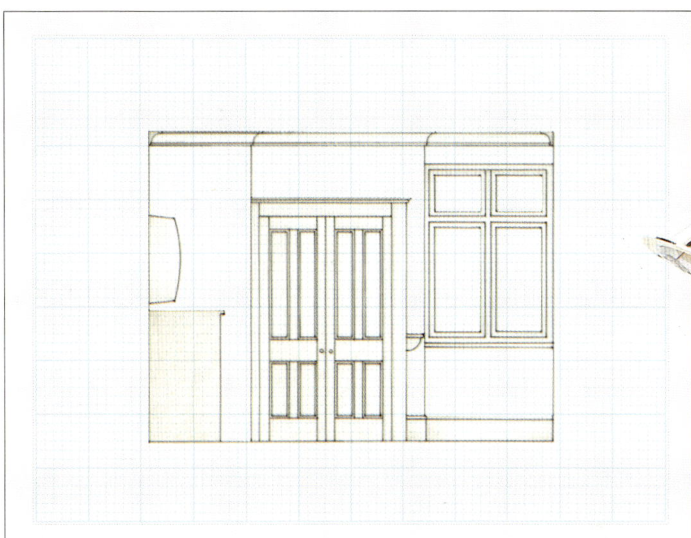

△ Fassungen
Erstellen Sie einen Beleuchtungsplan und sorgen Sie für die notwendigen Elektroinstallationen vor Montage der Küche. Bringen Sie die Fassungen an, wenn der Raum fast fertig ist.

▽ Grundriß
Die Draufsicht zeigt die genaue Anordnung der Küchenelemente im Raum.

△ ❸ Feste Einbauten
Markieren Sie feste Einbauten, wie Einbauschränke und Fenster, um festzustellen, wieviel Platz für Tisch und Stühle bleibt. Zeichnen Sie den Spülmaschinenschrank im Profil ein, um sicherzustellen, daß sich die Schranktüren ungehindert öffnen lassen.

Stoffe und Fronten ▷
Bei der Budgetplanung sollten auch Ausgaben für Stoffe, Fronten, Polster und andere Details berücksichtigt werden. Hochwertige Vorhangstoffe und Schrankfronten verleihen der Küche Wärme und Charme.

Die Reihenfolge

- Man geht mit dem Plan zu einem großen Küchenbauer, in ein Küchenstudio oder zu einem Schreiner. Die Fachleute prüfen Ihre Pläne und stehen Ihnen beratend zur Seite.
- Für bauliche Änderungen holt man bei den zuständigen Behörden die notwendigen Genehmigungen ein.
- Die Koordination des Arbeitsablaufs ist von größter Bedeutung. Stellen Sie mit den beauftragten Bauarbeitern, Installateuren, Elektrikern, Monteuren und Dekorateuren einen Zeitplan auf. Die Arbeiten laufen in der folgenden Reihenfolge ab: Bauliche Änderungen, Installationen, Bodenlegen, Grundanstrich, Montage der Einbauten, abschließende Elektro- und Anschlußarbeiten, Feinarbeiten im Innenraum.
- Man prüft die Lieferzeiten für Geräte, Schränke und Materialien auf Übereinstimmung mit dem Zeitplan.
- Weiß man, wie lange die Arbeiten in Anspruch nehmen, findet man eine provisorische Küchenlösung.

Budget-Tips

- Steht der endgültige Küchenplan, kalkuliert man die Kosten für Geräte, Schränke, Bodenbelag und anderes Material. Man holt Kostenvoranschläge für bauliche Veränderungen, Installationen und Elektroarbeiten ein.
- Übersteigen die Kosten für die Ideallösung das Budget, sucht man nach Möglichkeiten, die Ausgaben zu kürzen. Man versucht die Baumaßnahmen zu begrenzen, wählt eine kostengünstigere Variante bei Bodenbelag und Arbeitsplatte und verringert die Zahl der hochwertigen Einbauschränke.
- Man sollte auch einen Notgroschen einplanen, falls der Umbau noch unerwartete Ausgaben mit sich bringt.

Adressenempfehlungen

Hersteller von Kücheneinrichtungen & Fachgeschäfte

Bei den folgenden Adressen handelt es sich um eine Auswahl von Fachgeschäften für Kücheneinrichtungen und Herstellern von Einbauküchen, Küchenmöbeln, Elektrogeräten etc. Daneben führen große Kaufhäuser und Möbelgeschäfte viele Markenküchen aus dem In- und Ausland.

AEG Hausgeräte GmbH
Muggenhoferstr. 135
90429 Nürnberg
Herde, Kochfelder, Dunstabzugshauben, Kühlsysteme, Geschirrspüler

AGA Wärmespeicher-Küchenherde:

Fa. Krampen Sanitär Heiztechnik
Hohenzollernstr. 124
56068 Koblenz/Rhein
Generalimporteur, Vertrieb & Montage

und

Der Gute Ofen
Rosenheimer Str. 102
81669 München
Ausstellung des AGA-Herds

Alno AG
Heiligenberger Str. 47
88630 Pfullendorf
Küchenhersteller

Ambiente Küchen GmbH
Seidlstr. 28–32
80335 München

ATAG Deutschland GmbH
Mühlackerstr. 77
75417 Mühlacker

und

ATAG Österreich
Schopenhauerstr. 28
1180 Wien/Österreich
Herde, Gefriersysteme, Geschirrspüler, Dunstabzugshauben

Baur
Schwarzwälder Werkstätten
Schulweg 7
79872 Bernau-Dorf
Exklusive Innenausbauten, Landhausküchen

Bendix Düysen
Hauptstr. 1
25999 Kampen/Sylt

Bohl Küchen + Wohndesign
Schleißheimer Str. 439
80935 München

Bosch-Küchen
H. Feierabend GmbH
Otto-Hahn-Str. 3–5
37574 Einbeck
Küchenhersteller, Einbaugeräte

bulthaup Küchensysteme
»Die gute Küche«
Ludwigstr. 6–10
80539 Müchen
Küchenhersteller

Cucina Viva
Rumfordstr. 49
80469 München

Dan Küchen
M. Danzer GmbH
Leonfeldner Str. 273
4040 Linz/Österreich
Küchenhersteller

dreier Küchen
Wasserburger Landstraße
85540 München-Haar
Küchenhersteller

Dross & Schaffer GmbH
Landsberger Str. 425
81241 München
Wasserburger Landstr. 246
81827 München
Oskar-von-Miller-Str. 2
82256 Fürstenfeldbruck
Küchenhersteller

Eckart Innenausbau GmbH
Bötelkamp 37
22529 Hamburg
Individuelle Fertigung von Küchen

Einbauküchen & Wohndesign
R. Herzog
Pfeuferstr. 35
81373 München

Die Einrichtung
Briennerstr. 12
80333 München

Electrolux Hausgeräte GmbH
Postfach 1160
35721 Herborn
Juno-Einbaugeräte, Elektro- und Gasherde, Heizautomaten, Dunstabzugshauben, Kühlsysteme, Geschirrspüler

FORM exclusiv
Poppenbeck 72
48329 Havixbeck
Exklusive Eßzimmer-Einrichtung

Franke GmbH
Küchentechnik
Mumpferfährstr. 70
79713 Bad Säckingen
Spülen, Armaturen

Gaggenau Hausgeräte
Vertriebsgesellschaft mbH
Eisenwerkstr. 11
76552 Gaggenau/Baden
und
Amraser Str. 25
6020 Innsbruck/Österreich
Herde, Backöfen, Kühlsysteme, Spülen, Geschirrspüler, Dunstabzugshauben

General Electric
Herbert Oetjen GmbH + Co. KG
Julius-Bamberger-Str. 1
28279 Bremen
Wolfratshauser Str. 150
82049 Pullach b. München
Kühlsysteme

goldreif
Möbelfabrik GmbH & Co.
32044 Herford
Küchenhersteller

Gourmandises
Beatrix Flatow KG
Geierstr. 11
22305 Hamburg
Kühlsysteme

Hansgrohe
77757 Schiltach
und
Postfach 85
2355 Wiener Neudorf/Österreich
und
Industriestr. 9
5432 Neuenhof/Schweiz
Design-Armaturen

Haus der Küchen und Eßräume
Renzstr. 5
67547 Worms

Heyne & Lehmhaus Küchenräume
Hanauer Landstr. 146
60314 Frankfurt
Amerikanische und italienische Küchen, Herde aus Frankreich und England

Hofberger's Meisterwerkstätten
Stefaniestr. 15
82041 Deisenhofen
Werkstätte:
Bergstr. 10
82024 Taufkirchen
Spezialist für Wohn- und Landhausküchen

Homeier Küchentechnik
Lichtenfelser Str. 9
93057 Regensburg
Dunstabzugshauben

IKEA Wallau
Am Wandersmann 2–4
65719 Hofheim
und
IKEA Einrichtungshaus
2334 Vösendorf-Süd/Österreich
und
Möbel IKEA AG
Industriestr. 186
8957 Spreitenbach/Schweiz
Bei den genannten Adressen handelt es sich um die Hauptgeschäftsstelle des Einrichtungshauses in den jeweiligen Ländern. Dort erhalten Sie die Anschriften der Filialen in Ihrer Nähe.

Imperial-Werke GmbH & Co.
32255 Bünde
Dampfgarer, Herde, Backöfen, Edelstahlzentren, Dunstabzugshauben, Gefriersysteme, Geschirrspüler

Küche Exklusiv
Alter Holstenstr. 28
21031 Hamburg
Markenküchen

Küche Komplett
Müggelseedamm 196
12587 Berlin
Markenküchen, Geräte und Accessoires

Küche Pur
Fachmarkt GmbH
Wilhelm-Külz-Str. 8
06679 Hohenmölsen
Markenküchen

Küche Total Wohnen Exklusiv
Offenbacher Landstr. 75
63500 Seligenstadt
Markenküchen und Einrichtung

Küche Wohnen & Design
Schloßstr. 3
71634 Ludwigsburg
Markenküchen und Einrichtung

Küche & Architektur
Walter-Kolb-Str. 16
60594 Frankfurt
Markenküchen und Innenausstattung

Küche & Einrichtungs GmbH
Arnulfstr. 163
80634 München
Markeneinbauküchen nach Maß

Küche und Raum Ausstattungs GmbH
Unterweingartenfeld 2
76135 Karlsruhe
Markenküchen und Einrichtung

Küche & Tisch Handelsgesellschaft mbH
Alter Markt 4
59821 Arnsberg
Markenküchen und Eßgruppen

Küchen Studio Knauseder
Sonnenstr. 29
80331 München
Spezialist für Miele-Einbauküchen

Küchen Sutor
Frühlingstr. 16
82110 Germering
SieMatic-Ausstellung

Das Küchenreich
Hofweg 47
22085 Hamburg
Spezialist für Landhaus- und Stilküchen sowie für außergewöhnliche Küchentechnik; Landhausküchen aus Amerika (Plain & Fancy)

Küppersbusch Vertriebsgesellschaft mbH
Küppersbuschstr. 16
45883 Gelsenkirchen
Einbauherde, Backöfen, Kochfelder, Dunstabzugshauben, Kühlsysteme, Geschirrspüler

KWC Deutschland GmbH
Rigipsstr. 15
71083 Herrenberg 6
Armaturen

Gunther Lambert GmbH
Konstantinstr. 303
41238 Mönchengladbach
Einrichtungs- und Wohnaccessoires

Leicht Küchen AG
Postfach 60
73548 Waldstetten
Küchenhersteller

Meinburk Küchenstudio
Seidlstr. 13–15
80335 München
Bosch-Küchen-Studio

Miele & Cie. GmbH & Co.
Carl-Miele-Str. 29
33332 Gütersloh
Herde, Backöfen, Kochfelder, Dunstabzugshauben, Kühlsysteme, Geschirrspüler

Die Moderne Küche
Rosenheimer Landstr. 139
85521 Ottobrunn
Bulthaup und Zeyko Küchen, Eßräume und Accessoires

Neff
Hochstr. 17
81669 München
Elektroeinbaugeräte

Nobilia-Werke
Postfach 1255
33411 Verl
Küchenhersteller

Plana Küchenland
Hanauer Str. 56
80992 München

Poggenpohl Möbelwerke GmbH
Poggenpohlstr. 1
32051 Herford
Küchenhersteller

rational Einbauküchen GmbH
Postfach 1120
49310 Melle
Küchenhersteller

Rickert & Schrewe
»das besondere Küchenstudio«
Bundesstr. 26
59909 Bestwig

Eva Sandner
Bavariaring 24
80336 München
Exklusive Wohndekorationen und Innenausbauten, Landhausküchen

SieMatic
Möbelwerke GmbH & Co.
32582 Löhne
und
Neubaugasse 22
7035 Steinbrunn/Österreich
und
Falkenweg 11a
6342 Baar/Schweiz
Küchenhersteller

Smallbone & Co. Ltd.
105–109 Fulham Road
London SW3 6RL/Großbritannien
Führender Hersteller von Luxusküchen in Großbritannien und Nordamerika. Broschüre erhältlich über die Telefonnummer 0130–81 48 18 (Deutschland) oder 0044–171 591 0820 (Europa); Fax 0044–171 581 9415

Snaidero
Viale Europa Unita 9
33030 Majano/Italien
Küchenhersteller

TEAM 7
Natürlich Wohnen GmbH
Postfach 1329
94054 Pocking
und
Braunauerstr. 26
4910 Ried/Innkreis/Österreich
und
Mugerenmatt 33
6330 Cham/Schweiz
Küchenhersteller

tielsa Küchen GmbH
Postfach 3620
32102 Bad Salzuflen
Küchenhersteller

zeyko Küchen
Eugen-Zeyher-Str. 1
75382 Althengstett
Küchenhersteller

Fachgeschäfte für Haushaltswaren, Versandhäuser

Diese Fachgeschäfte und Versandhäuser führen alles »rund um die Küche«, was die Arbeiten in der Küche erleichtert und das Essen & Wohnen verschönert. Hier erhalten Sie Küchenaccessoires von Alessi über Rösle bis WMF, um nur einige bekannte Hersteller zu nennen, edles Kristall, Porzellan, Glas, Silber u. v. m.

Alba Moda GmbH
Daimlerstr. 13
32108 Bad Salzuflen
Tel.: 0 52 22–92 00

Versandhaus. Bitte fordern Sie Prospektmaterial unter dem Hinweis »Wohnaccessoires« an.

Alessi Deutschland
Große Elbstr. 68
22767 Hamburg

L'Art de vivre
Schlüterstr. 40
10707 Berlin-Charlottenburg

Böhmler im Tal
Einrichtungshaus GmbH
Tal 11
80331 München

bulthaup
»Küchenmagazin«
Ludwigstr. 6–10
80539 München

Die Einrichtung
Briennerstr. 12
80333 München

haertle-passage
Neuhauser Str. 15
80331 München

Versandhaus Heinrich Heine GmbH & Co.
Windeckstr. 15
76135 Karlsruhe
Tel.: 0721–991-0

und

Heinrich Heine GmbH
Wiener Str. 286
8051 Graz/Österreich
Tel.: 031–6087

und

Heinrich Heine AG
Postfach
8088 Zürich/Schweiz
Tel.: 01–805 15 15

Bitte fordern Sie Prospektmaterial unter dem Hinweis »Wohnen und Dekorieren« an

IKEA Einrichtung
siehe Seite 83

Küche & Bar
Brunnstr. 1
80331 München

Küchenladen
Fürstenstr. 11
80333 München

Küchenmagazin GmbH
»Schöne Dinge für die Küche«
Ludwigstr. 6
80539 München

Kustermann
Viktualienmarkt 8 /
Rindermarkt 3
80331 München

Maison Int. Einrichtungen GmbH & Co.
Klosterstr. 17
33428 Marienfeld

Zeitschriften

Weitere Informationen und Anregungen erhalten Sie durch entsprechende Fachzeitschriften. Achten Sie auch auf Sondernummern zum Thema »Küche«. Hier eine Auswahl:

Architektur & Wohnen
Country Style
Das Haus
Elle Decoration
Focus Home Collection
Homes & Gardens
Inneneinrichter Guide
Kreativ Wohnen
Küchen Festival
Neues Wohnen
Schöner Wohnen
Schöner Wohnen: Decoration
Umbauen & Modernisieren
Wohnen & Dekorieren
Wohnidee: Wohnen + Leben
Zuhause Wohnen
u. v. a.

Register

Danksagungen

Danksagung des Autors
Ich möchte mich bei all denen bedanken, die uns erlaubten, ihre Küche zu fotografieren, vor allem bei meinen Kunden Nick und Joan Marmont, Nick und Susie Ussiskin, meiner Frau Becca, sowie beim Ehepaar Miles, bei Julia und Nick Parker sowie bei Mark und Sara Quinn-Wilson.
Mein besonderer Dank gilt den Handwerkern, mit denen ich seit Jahren zusammenarbeite. Durch ihre Fertigkeiten und ihre Einsatzbereitschaft wurden meine Küchenideen Wirklichkeit. Zu ihnen gehören Jonathan Morriss, Stephen Cordell, Gordon Hopkins, Jonathan Parlett, Miles Muggleton, Andrew Parslow, Nigel Brown, Patrick Warnes, Paul Jobst, Paul Saban, John Barnard und Robin Weeks, die Möbelmaler Jenny Holt und Felix Delmar sowie die Künstlerin Lucy Turner.
Mein eigenes Design Team verdient größtes Lob für harte Arbeit und Einsatzfreude. Mein Dank geht an David Richards, Lynne Fornieles, Mike Rooke, Will Jameson, Anna Moore und Richard Lee, der auch für die schönen Illustrationen von Küchendetails in diesem Buch verantwortlich ist.
Besonderen Dank schulde ich dem Team von Dorling Kindersley, von Mary-Clare Jerram und Amanda Lunn, die mich überredeten, dieses Buch zu schreiben, über Colin Walton, der für die künstlerische Leitung zuständig war, bis zu meiner tapferen Herausgeberin Bella Pringle, deren Einsatz und Fähigkeiten höchste Bewunderung verdienen. Ferner danke ich dem Fotografen Peter Andersen für sein geschultes Auge, seine Geduld und sein Engagement. Schließlich möchte ich mich von ganzen Herzen bei meiner Frau für ihre Unterstützung und Ermutigung bedanken. Sie tolerierte meine Abwesenheit zu kritischen Zeiten im Familienleben und ermöglichte mir, zwei Bücher gleichzeitig zu schreiben.

Danksagung des Herausgebers
Dorling Kindersley bedankt sich bei Rebecca und Johnny Grey, Nick und Joan Marmont, dem Ehepaar Miles, Julia und Nick Parker, Nick und Susie Ussiskin sowie Mark und Sara Quinn-Wilson für die Erlaubnis, ihre Küchen zu fotografieren.
Wir danken den folgenden Küchenstudios für die Genehmigung, auf ihrem Gelände zu fotografieren: Arc Linea, Bulthaup, Chalon, C.P. Hart, Newcastle Furniture Company, Nicholas Anthony und Fire Earth für Bodenbeläge.
Wir möchten uns auch bei den Firmen für Requisisten bedanken: American Appliance Centre, Amtico, Christoph Caffyn, La Cuisinière, David Mellor, Formica Ltd., Geneviève Lethu, Graham & Green, Hogarth & Dwyer, Jerry's Home Store, Mediterranean Imports, Moore Park Delicatessen, Pallam Precast, P.G. Kitchens & Bathrooms, RJ's HomeShop, Sinclair Till und Viaduct Furniture Ltd.
Unser besonderer Dank gilt: Jeremy Myerson für seine Unterstützung bei der Entwicklung dieser Reihe; Phillip Hayes, dem Leiter von Siematic Küchen in Großbritannien, für seine fachmännische Hilfe; Charlotte Davies und Clive Hayball für ihre Unterstützung bei diesem Projekt; Angeles Gavira und Simon Maughan für die Lektoratstätigkeit; Ann Kay für das Korrekturlesen; und Hilary Bird für das Register.

Künstlerische Gestaltung: Richard Lee

Fotos:
Alle Fotos stammen von Peter Anderson und Matthew Ward mit Ausnahme von (Namen der Küchendesigner in Klammern): Peter Aprahamian (Johnny Grey), 10, 52 bis 53; Interior Archive / Tim Beddow (John Pawson) 56 ul; Simon Brown (Johnny Grey) 57; Michael Focard (Johnny Grey) 65; Ray Main 8 ul, 52 ol und 52 ul, 60 ol, 61, 64 or; Diana Miller 8 o, 37 or, 85 o; James Mortimer (Johnny Grey) 6 u; David Parmiter (Claudia Bryant) 52 ur, 56 or und 56 ur; Colin Radcliffe Design 64 ul; Trevor Richards (Johnny Grey) 6, 9, 40 ml, 64 ol und 64 ur, 72 ur; Paul Ryan / International Interiors (Fell-Clark Design) 68 ul; Paul Ryan / International Interiors (Gerry Nelisson), 68 ur; Deidi von Schaewen 68 ol; Fritz von der Schulenberg (Nico Rensch) 46 ml; Colin Walton 40 ul, 43 or, 76 ur, 77 or, 78–79 u, 80 ol, 87 u.

Die folgenden Firmen waren so freundlich, uns Fotos zu leihen: Aga-Rayburn 13 ol, 30 o; Alternative Plans 37 u; Chalon 56 ul; Jenn-Air (CV 4380 PG) 28 o, (WW 27210 PG) 31 ul, (SVD 8310 PG) 82; John Lewis of Hungerford 72 or; Kohler 27 u; Newcastle Furniture Company 56 ol; Snaidero 52 mu; Sub-zero 20 ul; Wrighton Kitchens ›Albany‹ (Texas Homecare und verschiedene Homebase Läden), 44 l.

Wir haben uns bemüht, die Eigentümer von Urheberrechten aufzuspüren. Wir bedauern mögliche unabsichtliche Auslassungen und sind gerne bereit, solche in spätere Ausgaben einzufügen.

Große Quadrate = 1 m^2 • Kleine Quadrate = 10 cm^2

Große Quadrate = 1 m^2 • Kleine Quadrate = 10 cm^2

Große Quadrate = 1 m^2 • Kleine Quadrate = 10 cm^2

BLV Workbook Wohndesign

Sylvia Katz
Wohnen im Appartement
Optimale Wohnbedingungen auf kleinem Raum – Bereiche schaffen für alle Bedürfnisse des täglichen Lebens: Planung, Entwurf und Umsetzung anhand vieler Beispiele mit Gestaltungsalternativen und Planungsskizzen.

Sarah Gaventa
Mein Büro zu Hause
Büros für alle, die zu Hause arbeiten – als Full-time-Job oder nur gelegentlich: Planung, Raumgestaltung, Ausstattung, Bürotechnologie, Lichtdesign, Möbel und mehr – für separate Räume oder integriert in den Wohnbereich.

Dinah Hall / Barbara Weiss
Stauräume im Haus
Aufbewahrungsprobleme auf kreative Weise lösen und Stauräume schaffen, die den persönlichen Wünschen entsprechen: Stauraum-Planung, Gestaltungsalternativen, Ausstattung, Zubehör, praktische Umsetzung der Projekte.

Weitere Bände der Reihe »BLV Workbook Wohndesign« sind in Vorbereitung.

BLV

Wohnen und Gestalten

Kevin McCloud
Kreative Raumgestaltung
Exquisite Wohnideen, die Atmosphäre schaffen und Akzente setzen: Grundlagen, Werkzeuge, Materialien und eine Fülle von kreativen Vorschlägen für dekorative Effekte mit Schritt-für-Schritt-Anleitungen für die einzelnen Mal- und Dekorationstechniken.

Julie Collins
Neues Design für Trödel & Co.
Kreative Ideen zum Aufmöbeln
Fundstücke vom Trödel in Highlights der Innendekoration verwandeln: geeignete Objekte aufspüren und durch individuelles Design veredeln – 24 dekorative Beispiele und alle Techniken Schritt für Schritt.

Liz Wagstaff
Farbe & Wohnen
Effektvolle Ideen für dekoratives Malen und Gestalten
Attraktive Farbenspiele und Veredelungstechniken für ein ganz persönliches Ambiente: Materialien, Werkzeuge, Grundtechniken und Oberflächenvorbereitung sowie Maltechniken Schritt für Schritt mit Farbvarianten und außergewöhnlichen Effekten.

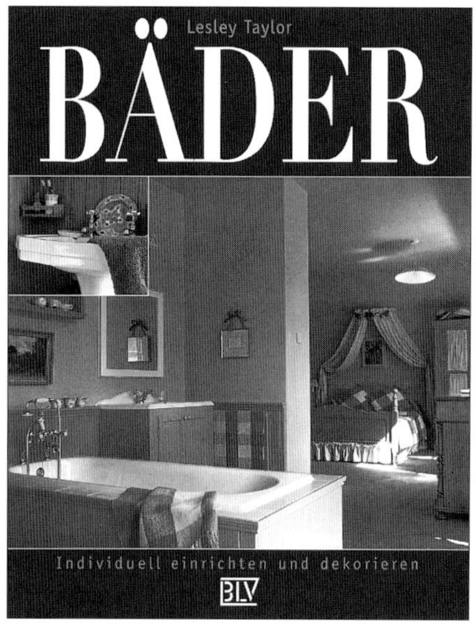

Lesley Taylor
Bäder
Individuell einrichten und dekorieren
Neues Ambiente für Räume zum Relaxen: Bäder und Duschen in allen Formen und Farben, Größen und Stilrichtungen mit praktischen Tips zur Planung und kostengünstigen Umsetzung der erforderlichen Gestaltungsmaßnahmen.

Ideenbuch zum Selbermachen
Katrin Cargill
Kissen
Originelle, extravagante, klassische und dekorative Kissen – attraktiv präsentiert mit animativen Fotos und besonders leicht nachzugestalten dank der präzisen Schritt-für-Schritt-Anleitungen auf Ausklappseiten.

Ideenbuch zum Selbermachen
Katrin Cargill
Lampenschirme
Individuell gestaltete Lampenschirme von klassisch bis modern – attraktiv präsentiert mit animativen Fotos und besonders leicht nachzugestalten dank der präzisen Schritt-für-Schritt-Anleitungen auf Ausklappseiten.

Im BLV Verlag finden Sie Bücher zu folgenden Themen: Garten und Zimmerpflanzen • Wohnen und Gestalten • Natur • Heimtiere • Jagd • Angeln • Pferde und Reiten • Sport und Fitneß • Tauchen • Reise • Wandern, Alpinismus, Abenteuer • Essen und Trinken • Gesundheit und Wohlbefinden

Wenn Sie ausführliche Informationen wünschen, schreiben Sie bitte an:

BLV Verlagsgesellschaft mbH
Postfach 400320 • 80703 München
Telefon 089/12705-0 • Telefax 089/12705-543